北からの世界史

柔らかい黄金と北極海航路

宮崎正勝
Masakatsu Miyazaki

原書房

北からの世界史　目次

第4章 大西洋を隔てたビーバー交易とアメリカ、カナダの誕生……99

第6章　ラッコをめぐる国際競争……179

第7章　ラッコの激減と北方世界の再編……219

北からの世界史

柔らかい黄金と
北極海航路

はじめに

数年前に、アラスカ*の州都ジュノーを訪れたことがある。一八八一年に金鉱が発見され、多くの鉱夫たちが一旗上げようと集まってできたジュノーは、荒々しい欲望が酷寒の海に面する山裾に生み出した町だった。今ではアラスカ州の州都になり、鉱夫たちの欲望が渦巻く都市から、バンクーバー島の北に連なるインサイド・パッセージの北の外れの観光都市に姿を変えている。

シアトル*の空港からジュノーに向かったのだが、アラスカ観光熱の高まりもあってシアトル空港は非常に繁雑なつくりだった。係員が建て増し、建て増しの空港ですからと理由を説明してくれた。

ジュノーはアラスカ観光のクルーズ船が入る港の周辺には土産物店が軒を連ねていたが、どこかうらぶれた町だった。厳しい冬になると町の面貌が一変し、烈風が吹き抜ける寂しい町になることが夏の賑わいを透かして見えた。

観光客相手の土産物屋にはマトリョーシカやイースター・エッグなどのロシアの商品がや

＊アラスカ　アメリカ合衆国最北端の州。州の中で面積が最大で、人口密度は最小。1867年に旧ロシア帝国から720万ドル（1㎢当り5ドル）で米国が買収し、1959年に州になった。　＊シアトル　太平洋側でカナダに接するアメリカ合衆国のワシントン州（州都はオリンピア）最大の都市。

たらと目についた。かつてのアラスカはロシアがラッコ猟のために拓いた植民地であり、ジュノーのはるか沖合に位置するアレクサンダー諸島のバラノフ島が中心だった。その島のシトカに、ラッコ猟とラッコ交易を行う露米会社*のセンターが置かれたのである。ラッコが激減するとロシアは不用になったアラスカを、南北戦争後のアメリカ合衆国にかなり強引に売却したが、少数のロシア人がその後もアラスカに留まった。ジュノーの土産物店に並ぶマトリョーシカは、荒々しい欲望とラッコ交易で賑わったロシア時代のかすかな名残だったのである。

宿泊したホテルのレストランの薄暗い照明が古い油絵のような色調で、ゴールドラッシュの時代を何となく連想できた。とても印象に残っている。

ジュノーは海に向かう傾斜地に立つ家々や、小さなロシア正教の教会が、どこか北海道の道東の漁村に通じる雰囲気があった。ところがその街に場違いとも思われる数軒の古書店があり、かつてラッコ猟とラッコ交易に携わった露米会社に関する古書が並んでいた。ごく短期間ではあったがラッコ猟とラッコ交易で「世界史」の舞台に登場したこの地域の繁栄の幻影が、古書店から垣間見られる感じがしてしばし感慨に耽った。

水族館などでの愛嬌ある仕草で子供たちに人気者のラッコにも、厳しい受難の時代があった。十九世紀以降のヨーロッパ・ロシアからシベリアに続く森林地帯のクロテンなどの毛皮獣、十六世紀以降の北アメリカ北部の森林地帯のビーバーの受難の歴史が、十八世紀以降の北太平洋のラッコの受難に引き継がれたのである。ユーラシア規模のイスラーム商圏、モンゴル商圏、大

*露米会社　Russian-American Company、1799年に成立したロシア帝国の植民地経営の国策会社。

航海時代以降のヨーロッパ市場、中国市場で毛皮が奢侈品《しゃしひん》として大量に消費されたためである。

冷涼な大地、風や霧に閉ざされることの多い北の海と、どこか寂しげな町並みと華やかな毛皮の対比が、私の興味をそそったのである。考えてみると、世界の歴史は大航海時代を画期として「陸の世界史」から「海の世界史」へと変わり、一時期北の海域も北極海航路の開発競争の舞台となった。陸のクロテン、ビーバーの毛皮の交易から海のラッコの毛皮の交易への推移は、そうした歴史の転換と深くかかわっている。

現在、地球の温暖化が進むなかで、氷河が融けだし、アラスカもアラスカの海も面貌を変えてきている。海からの氷河観光は興醒めになってきたが、北極海を航海に利用するかつての「北東航路」が現実のものとなり、ロシア・中国・韓国・日本などによる航路の開発をめぐる競争が激化している。北の海は今も呼吸を続け、新しいステージに立とうとしているのである。

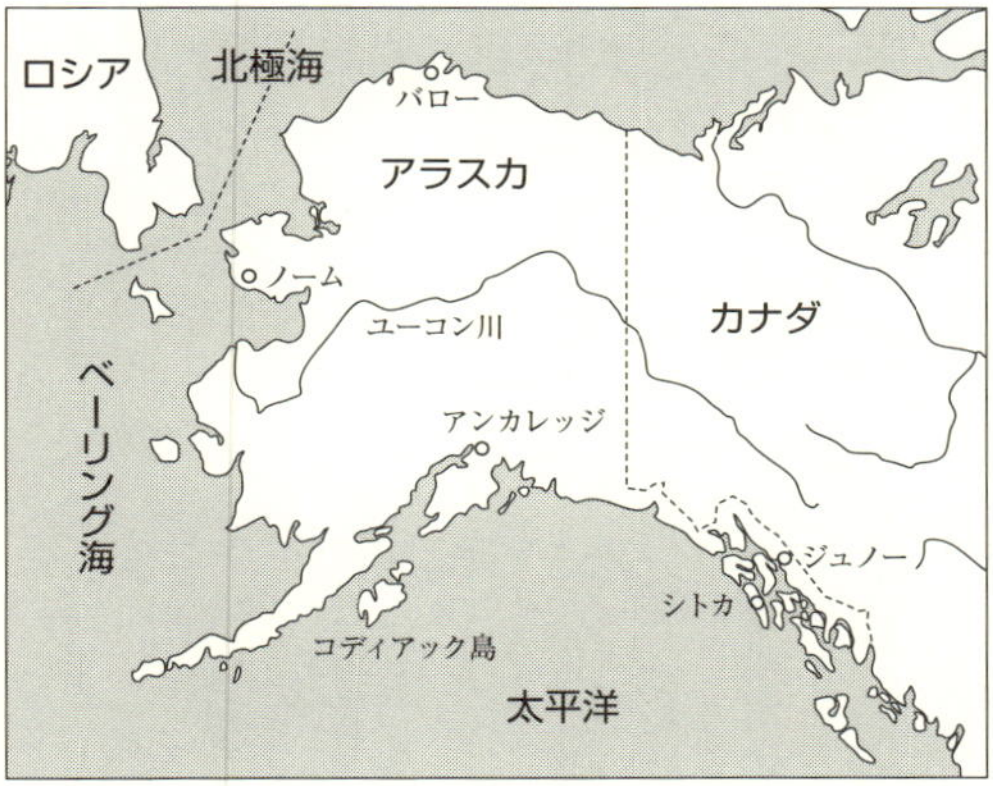

アラスカ

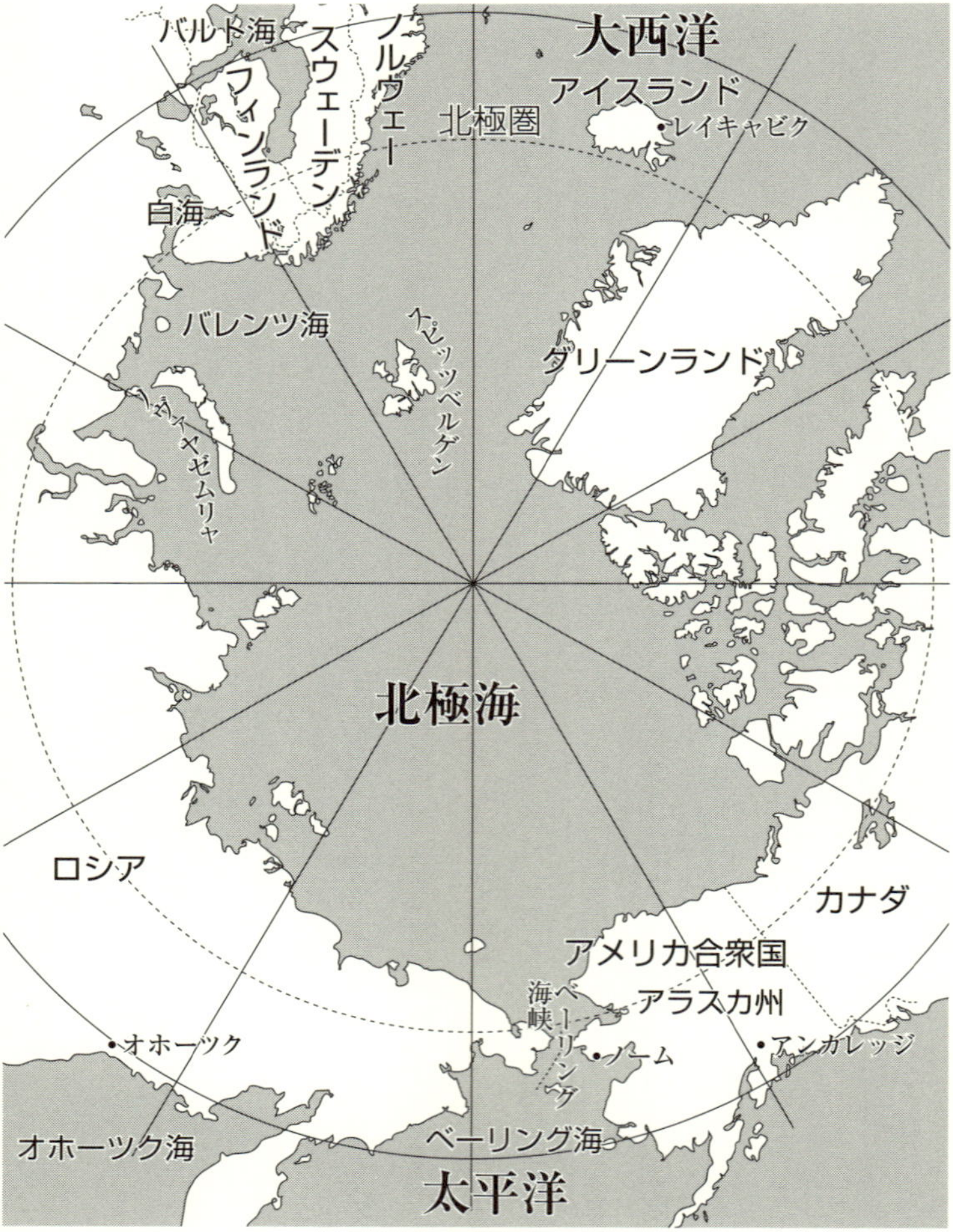
大西洋
バルト海
スウェーデン
ノルウェー
フィンランド
アイスランド
レイキャビク
北極圏
白海
バレンツ海
スピッツベルゲン
グリーンランド
ノヴァイヤゼムリャ
北極海
ロシア
カナダ
アメリカ合衆国
ベーリング海峡
アラスカ州
オホーツク
ノーム
アンカレッジ
ベーリング海
オホーツク海
太平洋

北極海と北方世界

第1章　世界史と北方世界

地球の北に広がる大森林地帯

世界地図を開いてみると、世界史の主な舞台となるユーラシア大陸では、南から北に沿海部の農耕地帯、砂漠地帯、草原地帯、森林地帯というように気候・風土を異にする地域が、東西に帯状の縞模様をなして広がっていることに気が付く。北アメリカはユーラシアのようにくっきりと気候帯を区分けできないが、北方に東西に延びる広大な森林地帯を持っていることは共通である。

近年、農耕地帯だけではなく、砂漠の民と草原の遊牧民が世界史の中に定位置を獲得しつつあり、農耕民とラクダとウマを操る交易民・遊牧民のかかわりにより動的にユーラシアの世界史が描かれるようになってきた。歩行による社会と、ラクダやウマが生活に深くかかわる社会の異質性が考慮されるようになったのである。

しかし、ユーラシアの半分を占める北方の森林地帯は、狩猟・採集民の人口が少ないこともあり、いまだ世界史の枠組みの中に取り込まれていない。狩猟・採集民は、狭いテリトリーでそれぞれの異なる地理的条件に適応しながら分散的に生活しており、世界史への組み込みが実際のところ難しいのであろう。

けれども、よく考えてみると、ヨーロッパ勢力が台頭した十六世紀以降の歴史は、北の森林地帯と南の熱帯雨林の狩猟・採集民がヨーロッパ秩序に組み込まれて行くプロセスでもある。「大きな世界史」（海の時代）のかたちが整う十七世紀以降、ユーラシア北部と北アメリカ北部の大森林地帯は、ロシア人、イギリス人、フランス人などの手で征服、開発が進められた。

世界地図で確認すると分かるが、ユーラシアの森林地帯は、かつては鬱蒼《うっそう》と原生林が生い茂り、ヨーロッパから、ロシア、シベリア、満州、朝鮮半島北部を経て日本列島へと長大な弧を描いていた。北アメリカでも、セントローレンス川*、五大湖*周辺からカナダ、アラスカ、ロッキー山脈にかけて森林地帯が広がる。アメリカ合衆国も中央部の草原地帯を除き、かつては森林で埋め尽くされていたのである。

こうした両大陸の北方世界は開発の嵐にさらされはしたものの、現在でも世界有数の大森林地帯である。二〇一〇年のFAO*「世界森林資源評価」によると、ロシア、カナダの両国だけで世界の森林面積の約二八パーセントを占め、それにアメリカ合衆国、中国を加えると約四〇・五パーセントに達するという。

あまり身近には感じられていないが、北半球の北部に広がる森林地帯の面積は、北半球全体の約半分を占める。ユーラシアの森林弧の東の外れに位置する日本も、実は森の国なのである。

＊セントローレンス川　五大湖と大西洋を結び、カナダ東部を東北に流れる大河。　＊五大湖　アメリカ合衆国とカナダの国境付近に連なる五つの湖。水系は接続しており、四つの湖の湖上に両国の国境がある。　＊FAO　国際連合食糧農業機関。

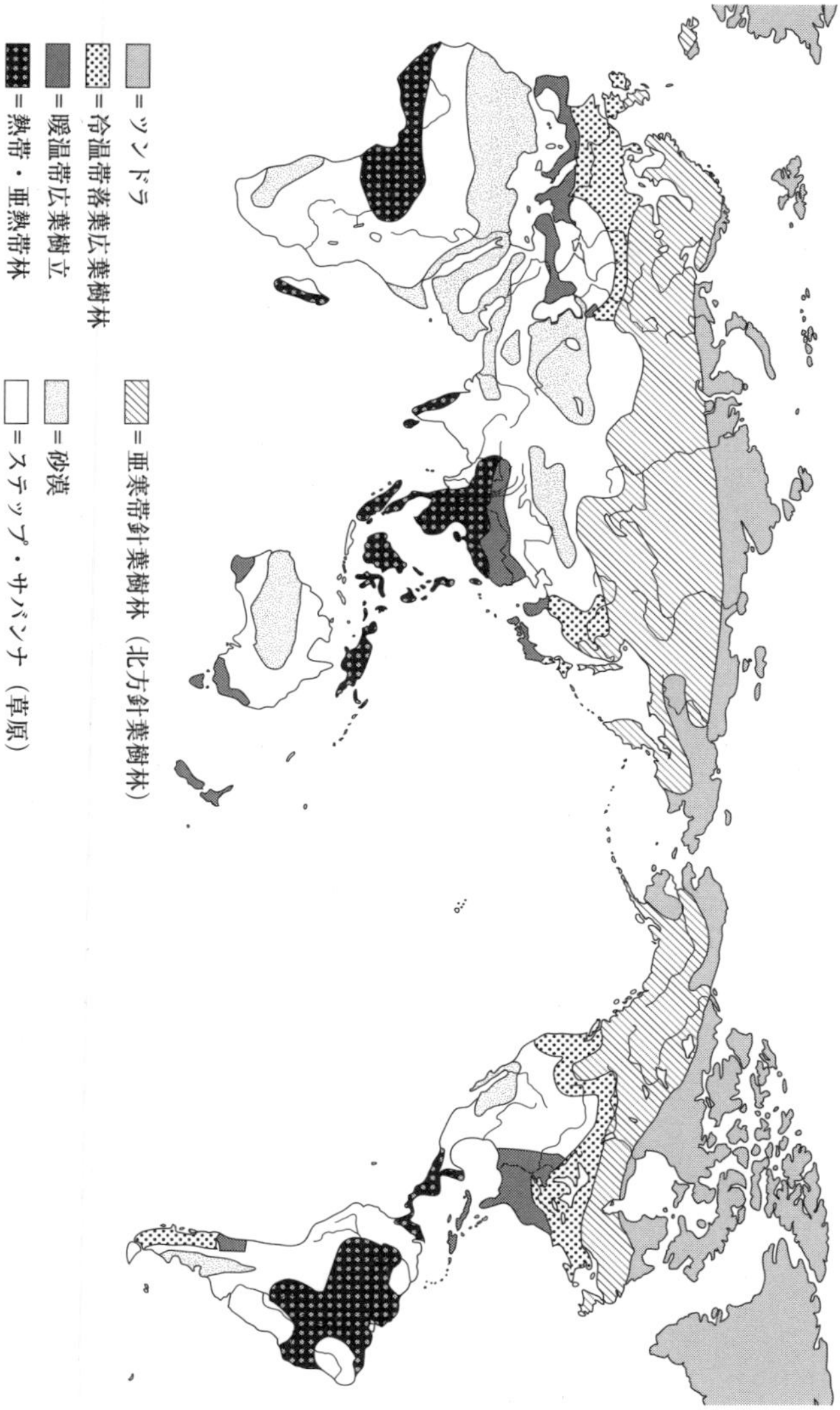

北方に連なる針葉樹林帯（▨で示す地帯）

森林面積が国土の約六六パーセントを占める日本は、森林率七三パーセントのフィンランド、六九パーセントのスウェーデンに次ぐ世界第三位の森林国なのである。

北方の森林地帯の中心は、ユーラシアでは北緯四五度から七〇度にかけて広がる針状の葉を持つ常緑性の針葉樹林タイガである。タイガの北には永久凍土のツンドラ、南には広葉樹林を含む混交林が広がり、さらにその南が遊牧民の生活の場、大草原ということになる。ちなみにタイガは、シベリア先住民の呼び名に由来し「針葉樹林」の意味である。北アメリカでは、セントローレンス川と五大湖の北からアラスカにかけてと、ロッキー山脈・太平洋沿岸北部に針葉樹林帯が広がり、五大湖以南の広大な中央低地帯に落葉樹林帯が広がる。

冬に北東からの烈風が吹きつのる中国の華北では、偏西風が吹き出す北東の方角は鬼が出入りする不吉な方角という意味で「鬼門」と呼ばれた。それが転じて、北方は「行くとろくな目にあわない所」とみなされた。烈風と厳しい寒さが、砂漠の暑さや乾燥と同じように、人々を遠ざけたのである。

人口が少ないこともあって、世界史の本流になれなかった森林地帯は、奢侈品の毛皮により農耕民、遊牧民と結び付いた。毛皮に着目すると、北方世界と農耕社会・遊牧社会のネットワークの変遷を、世界史の枠組みの中で素描することが可能になる。

奢侈品としての毛皮の効用

北方世界は、古くから奢侈品の毛皮、琥珀《こはく》などの産地として有名だった。

人間には、合理的思考では説明できない欲望がある。自分を他人と区別したい、自分を際立たせたいという欲望もその一つで、本能に近い。特に権力者や富裕な人々は、モノによって自分を飾りたいという欲望が強くなる。セレブ（セレブリティ）のもともとの意味は「注目される人」であり、知名度の高さが人の社会的地位につながる。人目を引くことが、地位や名誉の条件になってきたのである。「注目されるための」一番てっとりばやい方法は、庶民が獲得できないモノを身に纏《まと》うことだ。特定の立場にある人々にとっては、奢侈品は必需品だったのである。

世界史では、金、銀、宝石、玉、乳香、象牙、毛皮、絹など、稀少性と機能性、審美性を兼ね備えた商品が、奢侈品とされてきた。現代社会のブランド品も、その系譜を引いているといえよう。莫大な利益が得られるため、商人は労を惜しまず、奢侈品を権力者、富裕層に提供し続けた。高価であればあるほど歓迎されたため、奢侈品を扱う遠隔地交易は、べらぼうに儲かったのである。金に糸目を付けずに奢侈品を求める特定の人々の存在が遠隔地商業を成長させ、世界史の空間的拡大を促したともいえる。

ドイツの経済学者ヴェルナー・ゾンバルト*は、『恋愛と贅沢《ぜいたく》と資本主義』という著作のなかで、「どんな時代でもよい、奢侈が一度発生した場合には、奢侈をより派手なものにしようという他の無数の動機がうずきだす。野心、はなやかさを求める気持ち、うぬぼれ、権力欲、一

＊ヴェルナー・ゾンバルト　（1863年生～1941年没）、ドイツ歴史学派の最後の経済学者。

言でいえば他人にぬきんでようという衝動が、重要な動機として登場する」と、見栄が見栄を生み、奢侈品が欲望の連鎖を増幅させることを指摘している。

商人にとっては、人の一歩先を行こうとする競争が商売の妙味につながったのである。

毛皮は、化石燃料による暖房がなされる以前においては、寒暖の差が激しい草原や砂漠、高緯度に位置する中国・ヨーロッパなどでの生活には欠かせなかった。毛皮で暖をとったのである。毛皮は防寒用の日用品として用いられたが、種類が多く、奢侈品が生まれやすい。高価なクロテンの毛皮、ビーバーの毛皮を加工したビーバー・ハット（後のシルクハット）などは、防寒を必要とする社会の地位や身分のシンボルになった。

ユーラシアの中緯度の大乾燥地帯で四大文明が誕生し、帝国が形成されたが、それらの地域では良質の毛皮の自給が不可能で、森林地帯の毛皮に羨望《せんぼう》の眼差しが集まった。長い歳月をかけて、森林地帯と乾燥地帯の間に奢侈品としての毛皮の交易の歴史が積み重ねられたのである。しかしラクダを操る乾燥地帯の商人には鬱蒼《うつそう》たる森林で商売を行うノウハウがなく、専門の毛皮商人が必要になった。ロシアの創成期に活躍したスウェーデン系バイキング、シベリアで活躍したロシア人などである。

世界史の「中心」とリンクする毛皮交易

世界史を主導したユーラシアの大乾燥地帯では農業が成長し大量の穀物が生産されたが、それともに交易が盛んになった。乾燥地帯では、多様な生活必需品、奢侈品が簡単には入手できなかったのである。

森林地帯を代表する商品の毛皮を産出するロシアは、後述するようにもともとは中央アジアに顔を向けており、遊牧社会、オアシス農耕社会、アジアの大帝国との結び付きが強かった。ロシアの毛皮は、先ずイスラーム商圏、モンゴル商圏の代表的な奢侈品になったのである。ヨーロッパが勃興するのは「海の世界史」に移行する十七世紀以降であり、ロシアがヨーロッパ社会に参入するのもその時期ということになる。

ロシアの川と川の間の陸路を船を肩に担いで行くバイキング（16世紀の絵）

ユーラシアの歴史を転換させたイスラーム帝国、モンゴル帝国の時代にロシアの毛皮生産は一気に拡大した。毛皮商人は、ロシアからシベリアへと諸河川を連水陸路*でつなぐネットワークを伸ばし、毛皮の増産に努めたのである。
「海の時代」に入り毛皮の需要が増すなかで、シベリアが十七世紀に六十年間足らずで征服され、シベリア

＊**連水陸路**　ロシア語で、ヴォロク。異なる水系の間を連絡する場所に作られた、船を担いだり牽いたりして運ぶための陸路。

での毛皮の供給が行き詰まる十八世紀になると海獣ラッコの毛皮が登場し、シベリアから北太平洋に毛皮のフロンティアが移った。

大航海時代以降の北アメリカでは、十六世紀以降、フランス人、イギリス人によるビーバーに特化した毛皮交易が盛んになったが、ビーバーの激減と帽子の素材が絹に替わったことにより、十八世紀末には急速に衰退した。そこでアメリカ・イギリスも北太平洋のラッコの毛皮交易に中心を移す。毛皮のフロンティアが、最終的に「自然の宝庫」の北太平洋に収斂《しゅうれん》されたのである。

分かりやすく言うと、西から東へ、毛皮を追ってロシア・シベリアを横断した「クロテンの道」と、東から西へ北アメリカ大陸を横断した「ビーバーの道」が、北太平洋の「ラッコの海」で合流するのである。二つの大陸の森林地帯での毛皮獣の減少により、それぞれ行き詰まった毛皮交易が、手付かずの自然が残る北太平洋に行き着いたのである。

しかし、北太平洋でも、百年も経たないうちにラッコは絶滅の危機に直面することになり、十九世紀の中頃には長期にわたり続いてきた毛皮の大交易時代の幕が降りた。人類が乱暴に自然を略奪する時代は終わることになったのである。

北方世界の「海の時代」への転換と北極海

視野を広げて、ざっくりと世界史を見てみよう。世界史は、文明が誕生してから四五〇〇年

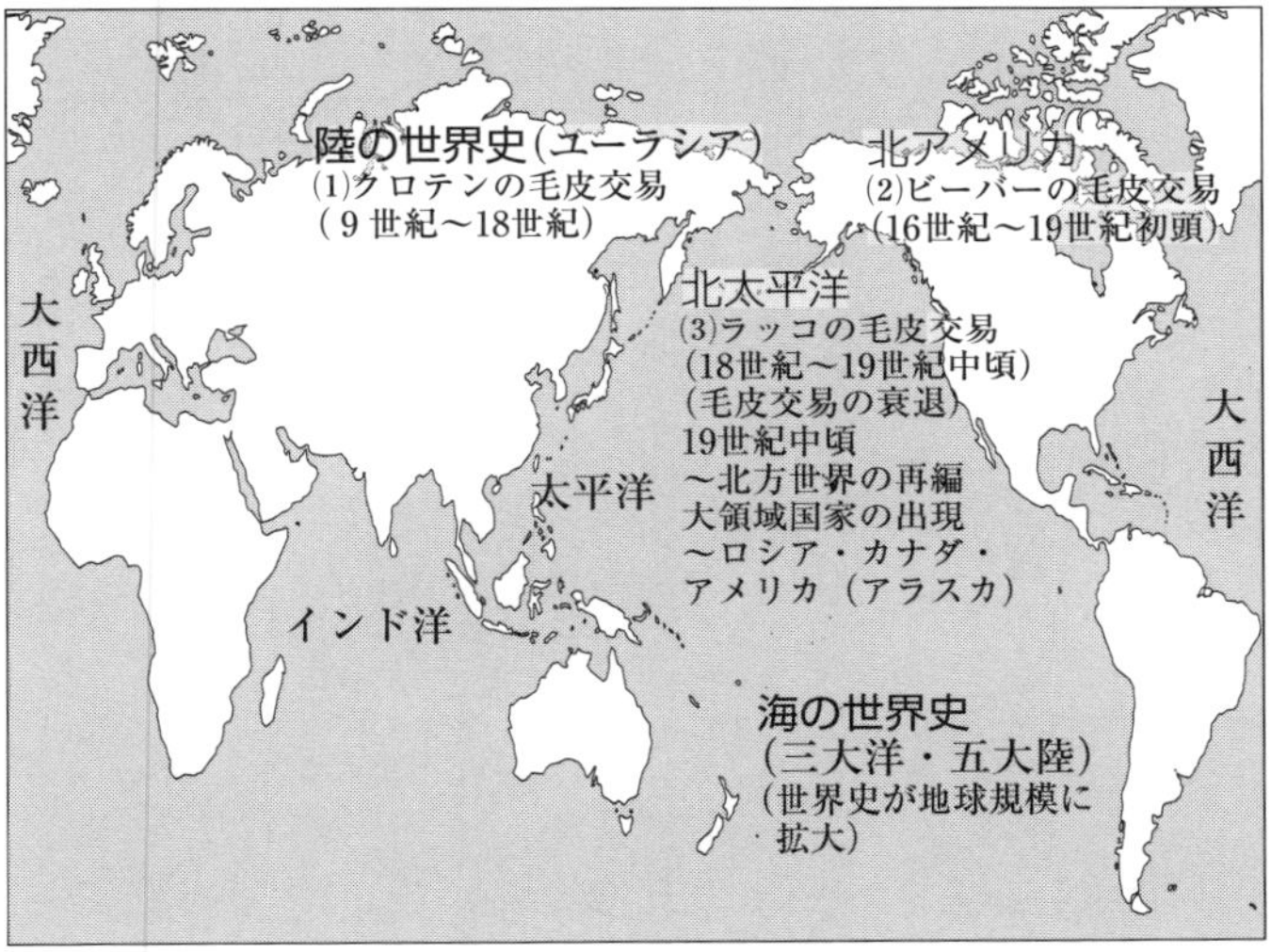

「陸の世界史」から「海の世界史」へ

に及ぶユーラシアを中心とする「陸の時代（小さな世界史）」と、大航海時代以後の三つの大洋が五つの大陸を結ぶ「海の時代（大きな世界史）」に区分される。

北方世界でも「陸の時代」から「海の時代」への転換が独得なかたちで展開された。十七世紀以降、ポルトガル、スペインに遅れをとったイギリス、オランダ、フランス、ロシアなどが、トルデシリャス条約*によって世界の「モンスーンの海」を分割しようとした両先発国に対するチャレンジを、北方の海から始めたのである。

南のモンスーン海域の交易を独占するポルトガル、スペインのカトリック両大国に対し、北部ヨーロッパの後発諸国は、当時は航海が可能だと考えられていた北極海を利用する「北東航路（North East Passage）」と、北アメ

*トルデシリャス条約　1494年、ポルトガル・スペイン両国王が定めた大西洋の東西分割協定。両国で太洋を独占的に支配しようとした。

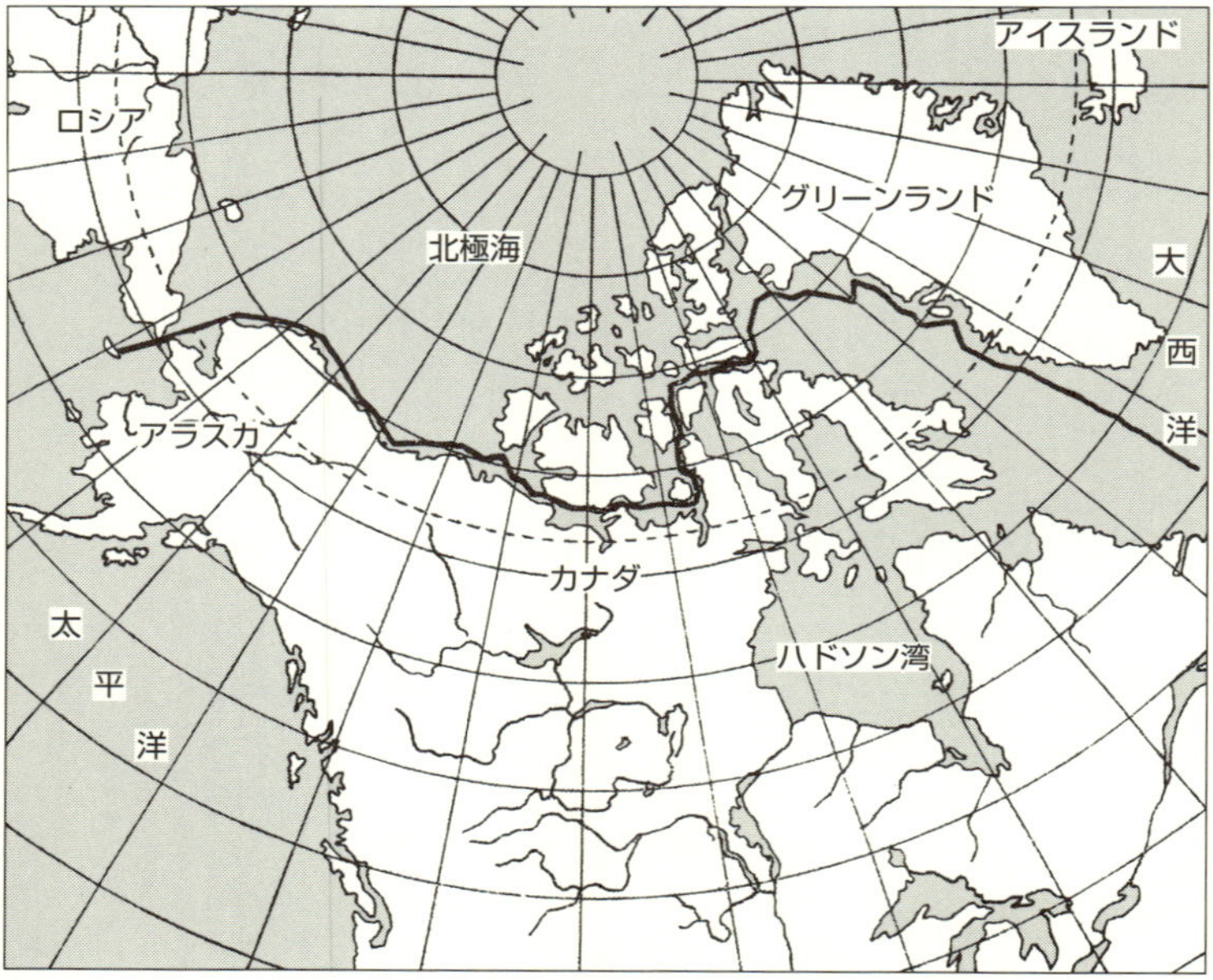

現在想定されている北西航路

リカの北方海域と太平洋をつなぐ「北西航路（North West Passage）」の発見に望みを託した。北極海という北の大海に航路を拓く、もう一つの「大航海時代」を夢想したのである。他方、ロシアもシベリアという大森林地帯を短期間で征服した直後に即位したピョートル一世（在位一六八二年～一七二五年）が「北東航路」に着目すると共に、北東アジアから海の世界に乗り出すことを目ざした。

西ヨーロッパ諸国とロシアの「北東航路（北極海航路）」や「北西航路」の開拓に対する意欲と試みが、北方世界に新風を吹き込んだのである。

ちなみに、「北東航路」というのは、ヨーロッパから北極海を通って

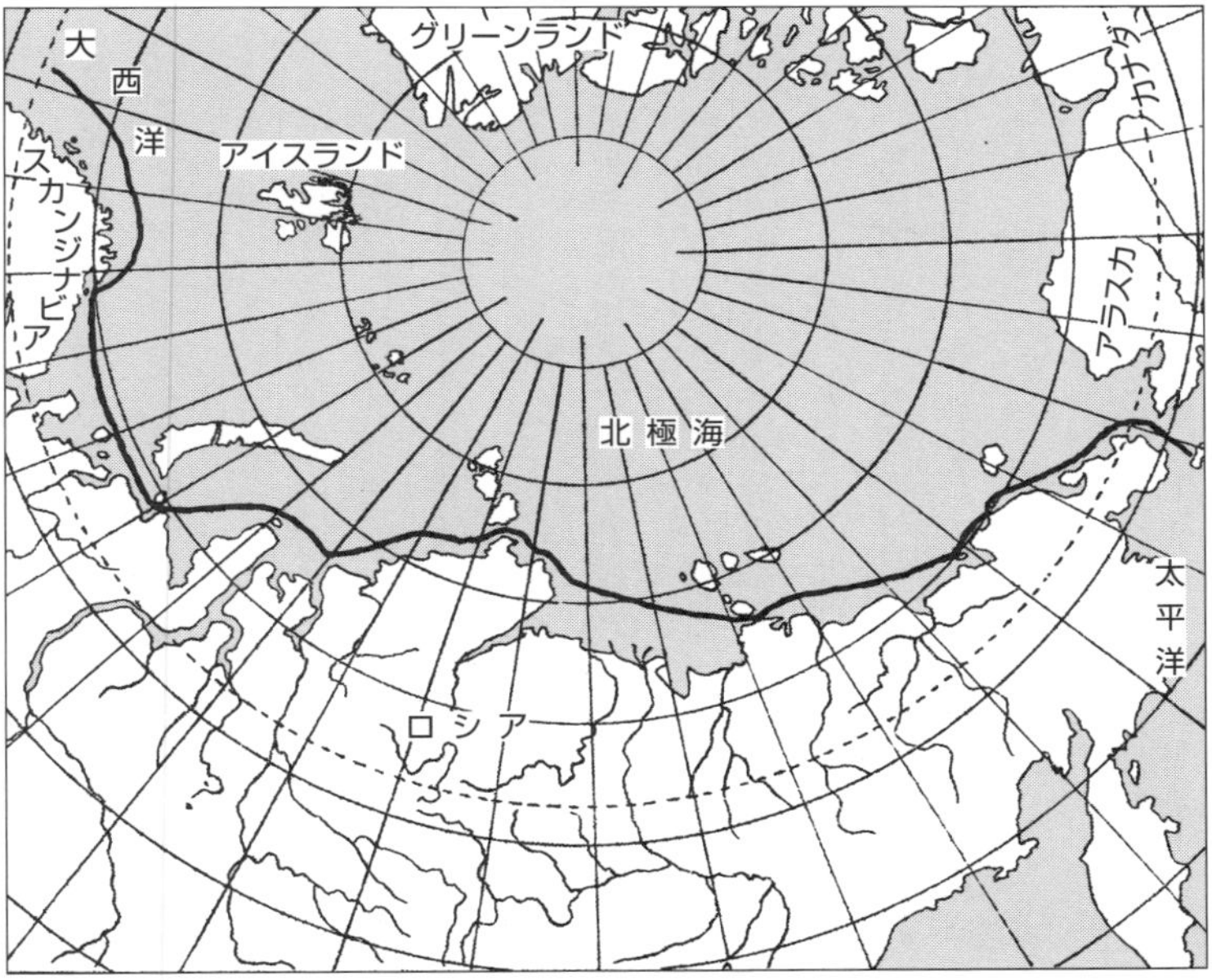

現在想定されている北東航路

アジアに至る航路、「北西航路」というは現在のカナダの北を通って大西洋から太平洋に出る航路、あるいは、存在が確認されてはいなかった北アメリカ大陸を貫流する長大な水路により、大西洋から太平洋に至る航路である。二つの航路の開発が可能と考えられた理由は北方の海に関する情報の不足と、真水は凍るが、海水は凍らないという俗説にあった。

もし北極海に航路が拓かれれば、アフリカの南端の喜望峰、南アメリカ南端のホーン岬を経由する南の航路よりも短時間でヨーロッパからアジアに到達することが可能であり、アジア貿易の主導権をポルトガル、スペインから奪い取れるという期待があった。

北方世界の毛皮交易も、そうした「北の海の時代」を拓こうとする情熱と結び付き、伝統的なユーラシアの毛皮交易に対して、新たに北アメリカのビーバーの毛皮の交易、北太平洋のラッコの毛皮の交易を出現させた。北方世界の毛皮交易も、世界史の「陸の時代」から「海の時代」への転換と密接不離の関係にあったのである。

世界史を彩ったクロテン・ビーバー・ラッコ

世界史では、マルクス主義の発展段階説の影響もあり、「開発」が単純に「進歩」・「発展」というプラス・イメージで評価されてきた経緯がある。しかし、「開発」が、プラスの側面だけではなくマイナスの側面も持っていることは今や常識である。

北方世界の資源略奪の歴史は、「開発」の負の側面をストレートに体現しているといえる。クロテン・ビーバー・ラッコの捕獲と毛皮交易の歴史は、狩猟のフロンティアを移動させながら、自然を食い尽くせるだけ食い尽くしてきた欲望の歴史なのである。

北方世界の森林や海の毛皮獣が取り尽くされて経済価値を失った土地は、そのまま放置された。毛皮交易の歴史は、農耕・遊牧地帯の人々の欲望を充足させるために進められた自然の略奪の歴史なのである。

しかし、現在の世界史は基本的に、「開発」を単純に「進歩」とみなすバラ色のイメージにもとづき、史上最も激しい勢いで「乱開発」が進められた十九世紀に体系化された。そのために産業革命直後の楽観主義に彩《いろど》られており、自然の破壊には全く無頓着なのである。（1）地球の資源は無尽蔵、（2）科学技術は万能、（3）廃棄物は全て自然が吸収してくれる、という十九世紀的発想は、地球環境問題が深刻化する二十一世紀の発想ではあり得ない。

以前、北海道東部の雄阿寒岳に登った際に、眼下に広がる広大な針葉樹林を目にして、この森林を重機で切り開くことは簡単だろうが、それを再生するとなると、想像できないほどの時間がかかるに違いないと考えたことがあった。

仮りに自然の再生ができるとしても、目も眩むような長い時間が必要である。自然に対する人間の力は、しょせんその程度なのである。

しかし底抜けに楽観的な地球観のもとに、十九世紀後半には欲望の赴くままに恐ろしいスピードで自然の略奪と破壊が進められ、ヨーロッパで急成長する都市の需要に応えようとして、手付かずの大自然が人工的な農場、牧場につくりかえられた。

それまでは狩猟・採集民の生活の場だったアメリカ西部、カナダ、オーストラリア、アルゼンチン、ブラジルなどが、現在の姿に変わったのである。現在世界の基本形は、十九世紀の地球規模の「開発」により築かれたと言っても過言ではない。十九世紀に、世界は面貌を一新しているのである。

しかし、資源は決して無尽蔵ではない。資源略奪的な毛皮猟は、ロシア、シベリア、カナダなどの北方世界を舞台に長期間行われたが、市場が拡大した十九世紀に加速化し、十九世紀後半の毛皮獣の激滅で終りを告げた。

毛皮交易の推移は次に述べる、(1)・(2)・(3)の時代に整理できるが、北欧、ヨーロッパ・ロシア、シベリア、カナダ・アメリカ北部、北太平洋・アラスカ、オホーツク海・千島列島などの広汎な地域・海域が舞台になる。

(1)クロテンの時代（九世紀から）

(一) 世界史上初のユーラシア商圏がイスラーム商人によって作りあげられた時代に、ロシアがクロテンなどの毛皮の供給地としてスウェーデン系バイキングにより開発され、毛皮交易の衰退後にロシアが建国される。
(二) モンゴル帝国が「草原の道」と「海の道」を一体化した「ユーラシアの円環ネットワーク」を築き上げた時代に毛皮の需要がユーラシアの東西で増加し、シベリアにまで毛皮交易のネットワークが延びた。
(三) ヨーロッパ経済の興隆期の十六世紀末から十七世紀にシベリア征服が進められ、シベリアがクロテンなどの毛皮猟の新たなフロンティアになった。

(2)ビーバーの時代（十六世紀から）

（四）大航海時代以降、北アメリカで先住民との間にビーバー・ハットの原料のフェルトを作るためのビーバーの毛皮の交易が、フランス人、イギリス人、オランダ人などにより広大な地域で進められた。その際に、英・仏が主要な市場となる。

⑶ラッコの時代（十八世紀から）

（五）シベリアと北アメリカの毛皮猟が行き詰まった十八世紀に、当時は「未知の海」だった北太平洋に優れた毛皮獣のラッコが大量に分布することが明らかになり、清を中心市場とするロシア商人、イギリス商人、アメリカ商人のラッコの捕獲と交易の競争が北アメリカの太平洋岸（現在のインサイド・パッセージ中心）で展開された。
（六）十九世紀中頃以降にラッコが激減すると、北方世界で続けられてきた毛皮の捕獲と交易は一挙に後退し、現在の国境の確定が進むことになる。

以上のように、クロテン、ビーバー、ラッコの毛皮交易は、その時代の世界の「中心」地域に密接にかかわりながら推移してきた。北の陸・海のネットワークの拡大と、クロテン・ビーバー・ラッコの毛皮交易を追うことで、北の周辺地域から世界史の動向にアプローチすることが可能になる。

本書は、ユーラシア・アメリカ北部の森林地帯と海域に視座を置く世界史の試みである。

第2章　バイキング世界とロシアの誕生

1　ユーラシア北西端で複合社会を形成したバイキング

バイキングの活力源は貧しさだった

ユーラシア北部の大森林地帯の毛皮猟は、西から東に中心を移動させた。八世紀から十六世紀にかけて毛皮猟はヨーロッパ・ロシアからシベリアへと拡大するが、その前提になったのがユーラシアの大商圏と結び付く毛皮交易だった。八・九世紀のイスラーム商圏、十三・十四世紀のモンゴル商圏、大航海時代以降のヨーロッパ市場と中国市場が、ユーラシアの大森林地帯の中核を占めるロシアの毛皮猟・毛皮交易の拡大を促したのである。ユーラシア商圏の推移が、大森林地帯の毛皮交易の拡大、さらにはロシアの建国、膨張と深く結び付いていたといえる。毛皮大国ロシアは、世界史と深くかかわることにより形成されたと言っても、決して過言ではない。

大森林地帯の毛皮を集め、ロシアの「川の道」を利用してイスラーム商圏に売り出し、ロシア建国の基礎を築いたのが、バルト海のスウェーデン系バイキングである。そうしたこともあり、ユーラシア北部の大森林地帯の歴史は、バイキングから語り始められなければならないことになる。

北方世界で最初に世界史の教科書に登場するのは、バイキングである。けれども海に活動の場を求めたバイキングは、森林に覆われた北方世界では異質な存在だった。スカンジナビア半島、ユトランド半島＊、バルト海（日本海の約三九パーセントの面積）周辺に居住するバイキングは農民であると同時に「海の民」であり、偏西風海域に広大な航海圏を築きあげた。ユーラシア北部の大森林地帯と北の海を結びつけたのである。バイキングのバルト海・北海での活動は、後述するように大航海時代の先ぶれとなった。大森林地帯を大乾燥地帯に置き換えるならば、バイキングは地中海と大乾燥地帯の接点で活躍した海洋民フェニキア人、ギリシア人と同じ位置づけになる。

バイキングは、八世紀頃には農耕と狩猟、漁労、交易を複合させた特異な社会を形成していた。森林地帯の狩猟・採集民から見れば異質な存在だったのである。彼らは、三〇〇年にわたって北海や諸河川を独特の船で航行し、西欧社会を脅かした海賊として知られる。彼らが最も美徳としたのは「勇猛」だった。

戦争と死の神、オーディンを最高神とする多神教を信仰するバイキングは、武装交易、移住

＊ユトランド半島　北海とバルト海を分かつ半島。現在は南方の根元の部分がドイツ領、北の部分がデンマーク領。かつてこの半島の住民は、北海を渡り、波状的にブリテン島に移住を繰り返した。

により西欧のキリスト教世界、ロシアの森林地帯に大きな影響を与えた。キリスト教化した西欧の人々にとって、バイキングはやっかいな存在だったといえる。

バイキングは、ノルウェーのノール人、ユトランド半島のデーン人、スウェーデンのスウェード人などからなるが、ノール人とデーン人は、北海経由で西欧との交易、略奪、移住を繰り返した。

海を渡るバイキングの船

七九三年の夏、イギリス北部のリンディスファーン修道院*を襲撃したのを嚆矢《こうし》として、バイキングは西フランク、ブリテン島への武装交易、襲撃、略奪を繰り返した。四〇人前後が乗り組む船を数十隻、場合によっては百隻以上連ねて略奪を働いたのである。八四五年、バイキングが蛇行して流れるセーヌ川を遡《さかのぼ》ってパリを襲撃した際には一二〇隻もの船が加わったとされる。西フランク王国のシャルル禿頭王《とくとうおう》は、パリを取り戻すために七〇〇〇ポンドもの銀を支払わなければな

＊リンディスファーン修道院　イングランド東北部のリンディスファーン島の修道院。イングランド北部のキリスト教の拠点だった。リンディスファーンは「聖なる島」の意。

らなかった。

バイキングの侵攻の被害が特に甚大だったのは北海*を挟んでユトランド半島と向い合うブリテン島だった。対岸のユトランド半島のデーン人が、現在のヨークの南からロンドンの北に至るイングランドの中心部に「デーンロウ*」という恒常的な移住地をつくった。

バイキングが侵略を繰り返した理由は、高緯度の寒冷な自然環境の下での農耕という生活条件の悪さ、耕作地の不足だった。しばしば襲った飢饉の年には、樹皮や海草などで飢えをしのぐしか生きる道がなかったとされる。西欧の人々は、バイキングを「北方の人」の意味で「ノルマン」とも呼んだが、バイキングの方が通りが良い。

ちなみにバイキングのｖｉｋは、古代スカンジナビア語の「入江」つまり「フィヨルド」、ｉｎｇは「人」の意味で、全体として「フィヨルドに居住する人」の意味である。あるいはフィヨルドに潜んでいて襲ってくる人たちというような意味合いも持つ。

先に述べたように、バイキングは基本的に農耕民だった。彼らが居住する地域は樺太《からふと》（サハリン）よりも緯度が高いが、湾流*（ガルフストリーム、メキシコ湾流）という巨大な暖流の影響で降雨量が多く、気温は青森県とほぼ同程度だった。そのためバイキングは、海岸沿いの狭い平野で辛うじて農業に従事した。しかし収穫は時々の気候に左右されて全く不安定だった。そのためバイキングは夏の航海の最適期に武装して毛皮・木材・魚類などを売って穀物・酒・武器などを買い入れ、人口が増加すると周辺諸地域への植民*を余儀なくされた。

＊北海　ブリテン島、ユトランド半島、スカンジナビア半島に囲まれた海域。日本海の約70パーセントの面積を有する。　**＊デーンロウ**　デーン人の支配下に置かれたイングランド東部地域。
＊湾流　黒潮と並ぶ世界最大の海流。流水量は、ミシシッピー川、アマゾン川の百倍以上。

彼らは豊富な森林資源を利用してロングシップと呼ばれる長さ二〇メートルから三〇メートル、重さ二〇トン程度の喫水《きっすい》の浅い戦闘用の軽船を造り、偏西風が吹きつのるバルト海、北海とそれらの海に流れ込む諸河川を利用して広範に活動した。

偏西風海域の荒れる海で活躍したバイキングは、ユーラシアの「陸の時代」に、世界で一、二を争う海洋民となり、バルト海・北海を中心にカスピ海・黒海からスペイン沿岸にまで活動範囲を広げた。八〇〇年頃から一〇〇〇年頃までのその活発な活動期は、「バイキング時代」と呼ばれる。

バルト海・北海の周縁に膨張したバイキング世界

最盛期のバイキングの活動状況を概観すると、次のようになる。

まず西ヨーロッパでは、北海の沿岸と北海に流れ込む諸河川に沿って略奪が繰り返され、先に述べたようにイングランド東部にはデーンロウというデーン人の植民地が築かれた。ユトランド半島と地続きのフランスでは、九世紀初頭のルイ敬虔王《けいけんおう》（在位八一四年〜八四〇年）の時代以降のバイキングの度重なる侵略に手を焼いた西フランク王国のシャルル単純王が、*「夷《い》（外国人）をもって夷を制する」策に踏み切った。北部地方に植民を進め、シャルトルを包囲するなど西フランクを荒らし回っていたバイキングの首領のロロ（八四六年頃生〜九三三年没）にノルマンディ地方を与えて臣従させたのである。侵略を停止させるだけではなく、次々に侵入してくる

＊植民　バイキングは海岸や河口に拠点を設けて、冬の間は沿岸地帯を荒らし、春になると内陸部に侵攻した。　＊シャルル単純王　（在位879年〜929年）、正式には、シャルル三世。侵入したノルマン人と和解したが、諸侯に嫌われて廃位された。

バイキングを阻止させようとしたのである。

九一一年、ノルマンディ地方にロロを支配者とするノルマンディ公国が成立。ノルマンディ公国は、バイキングの「二次的進出」の拠点になった。

しばらく時間があくが、一〇六六年に軍船七〇〇隻を含む三〇〇〇隻の船を率いたノルマンディ公ギヨーム二世は、幅三二キロのドーバー海峡を越えてイングランドに進攻。九時間にわたって戦われたヘイスティングズの戦いに勝利し、イングランドにノルマン朝を建て、ウィリアム一世（在位一〇六六年～一〇八七年）となった。ロンドンのテームズ川畔の頑丈な要塞ロンドン塔は、ノルマン朝が支配の拠点として建設したものである。

地中海へも、バイキングの進出がなされた。九世紀中頃に六〇余隻の船隊からなるバイキングが、イベリア半島のリスボン、コルドバ、イタリア半島のピサなどを襲っている。

一〇一六年になると、ノルマンディ公国のバイキングがイタリア半島南東部プーリア地方のモンテガルガーノの聖ミカエル＊寺院（ノルマンディ地方のモン・サン・ミッシェルと同じ宗派）への巡礼に赴く途上で南イタリアのナポリ公の傭兵となり、イスラーム教徒が支配するシチリア島と南イタリアを征服。頭目がルッジェーロ二世（在位一一三〇年～一一五四年）となって両シチリア王国（一一三〇年～一八六〇年）を建国した。

東ではロシアの「川の道」を利用して、スウェーデン系バイキングがイスラーム世界と大規模な毛皮交易を展開。また彼らが「ミクラゴルド（大きな都市）」と呼んだコンスタンティノー

＊**聖ミカエル**　カトリックでは、ガブリエル、ラファエルとともに三大天使に数えられ、兵士の守護神・キリスト教軍の保護者として信仰された。「モン・サン・ミッシェル」は「聖ミカエルの山」の意。

プルでは、ビザンツ帝国の傭兵として活躍した。

北の海域では、ノルウェー人がスコットランド、アイルランドへの侵略を繰り返した。八七〇年頃からはアイスランドへの植民がなされ、六〇年後には、人口が二万人から三万人に達した。ノール人は、海図もなしにノルウェーからアイスランドまで僅か九日間で航海したという。

さらに九八二年頃になると殺人を犯して三年間の追放刑を受けたアイスランドの「赤毛のエリック（エイリーク）」（九五〇年頃生～一〇〇三年頃没）が率いる一行がスカンジナビア半島から一四〇〇キロ離れた全土の八五パーセントが氷河で覆われるグリーンランド*を、緑豊かな土地（グリーンランド）と偽り、植民活動を組織した（当時、三〇〇〇人から四〇〇〇人が移住）。バイキングの航海は広範囲に及んだのである。

一〇〇〇年頃になると、「赤毛のエリック」の息子、エリクソン（九七〇年頃生～一〇二〇年頃没）が三五人の仲間とともにグリーンランドから北大西洋を渡って北アメリカのラブラドール、さらにはニューファンドランド島に至った。エリクソンは、その地に野生のブドウ（vin、ヴィン）を見いだしたことから、「ヴィンランド（ブドウの生える土地）」と命名している。

つまり「大航海時代」以前に、北の海域では島づたいに新大陸への航行ルートが拓かれていたことになる。しかしバイキングは、その地がユーラシアからはみ出した他の大陸であるなどとは知るよしもなかった。彼らには、ユーラシア、北アメリカというような地理的認識はなかったのである。

＊グリーンランド　スカンジナビアから1400キロ隔たる北極海と大西洋の間にある世界最大の島。現デンマーク領。島の80パーセント以上は氷河と万年雪に覆われている。

バイキングのネットワークの大きさは、ノール人・デーン人・スウェーデン人の活動が複合されたためであったといえる。バイキングは、スカンジナビア半島を基点にして、バルト海を東に向うオストベク（東の航路）、北海を西に向うベステルベク（西の航路）、スカンジナビア半島を北西に向いグリーンランドに至るノルレベク（北の航路）を成長させたのである。スウェーデン人は川のルートをたどり、ユーラシアの歴史を転換させたイスラーム商圏との間の毛皮交易の担い手となったが、ノール人、デーン人は生活条件が厳しい北方の海の周縁部にネットワークを広げた。貧しい海域がセンターになったことが、バイキングがネットワークを多方向に伸ばす理由になっているのである。

イスラーム商圏とリンクしたスウェーデン系バイキング

バイキングのキリスト教への改宗は、九世紀前半にデンマークの族長から布教と教会建設の許可を得たフランク王国の宣教師アンスカル（八〇一年生〜八六五年没）の伝道から始まった。彼はスウェーデンのビルカ*で布教を進め、後にブレーメン*の大司教になっている。

ノール人もデーン人もスウェーデン人も一〇〇〇年頃からキリスト教への改宗を始め、一一〇〇年代にはほぼキリスト教化した。キリスト教という、西ヨーロッパとの共通基盤が形成されたのである。

バイキングのキリスト教化が急速に進んでいた一〇七五年に、スカンジナビア半島を訪れた

＊ビルカ　ストックホルム西方29キロの湖の小島。9世紀頃の交易の中心。ライン川流域、ヴォルガ川流域などと広く交易していた。　＊ブレーメン　エルベ川と南ドイツを結ぶ交易都市。787年にカール大帝によって司教座都市に指定された。

ブレーメンの教会史家アダムスは、バルト海周辺のノール人・デーン人・スウェーデン人の特色を次のように記しており興味深い。

スウェーデン人は、われわれが愛し、むしろ崇敬しさえする尊大さを除けば、これといって何物にも不自由しているわけではない。金や銀、見栄えのする馬、ビーバーやテンの毛皮など、虚飾に満ちてはいるが、われわれにはため息のでるような品物さえ、彼らはなんとも思わない。ただ彼らは、婦女に関しては抑制がきかない。だれもが資力に応じて、一度に二人、三人あるいはそれ以上の妻をもっている。富裕な者や首長にいたっては、数しれないほどである。

…総じて北方人の特徴は歓待好きということだが、その点スウェーデン人は抜きん出ている。彼らは、旅人を客人として持て成さぬことを最大の恥とし、客人の受け入れには誰がふさわしいかについて熱心に競いあうのが常である。…スウェーデン人は多くの部族からなり、海上でも馬上でも等しく優秀な戦士であるばかりか、その勇猛さと武具の点でも際立っていた。そのため、彼らは北方の他の部族を抑えるだけの力がある、と見られている。

（ノール人は）畜乳を飲用し、羊毛から衣類を作りながら、家畜を食べて生活している。こうした土地柄のため、この土地には実に勇敢な戦士が育ち、豊作時にも惰弱にならないので、自分たちが侵入されるよりも他者に襲いかかるほうが多いほどである。…北方人の中でもノール人は最も質素であり、食事や習慣にも簡素と節制を尊んでいる。

…（デーン人が居住するユトランド半島では）河川の周辺は別として、ほとんどどこも塩気を帯びているか、広大な荒地のようである。ゲルマニアではどこも驚くほど奥深い森林が広がっているが、ユトランド地方は実にひどいものである。陸は実りが乏しいために、また海路は海賊の跳梁に悩まされるので敬遠されてしまう。実際にここは開墾された場所はほとんどなく、人が住むには不向きである。とはいえ、フィヨルド周辺には相当の町がある。


アダムスの記述は、ノール人とデーン人の生活にバイキングとしての共通性を指摘しているが、スウェーデン人は異質な存在とみなしている。その理由は、バルト海の最深部に居住していたスウェーデン人はロシアの「川の道」を介して、当時最も富裕だった中央アジア・西アジアのイスラーム商圏と毛皮交易でつながっており、大きな金蔓《かねづる》を持っていたからである。

当時のヨーロッパはユーラシアの周縁部であり、中央アジア・西アジアこそが世界の「中心」だった。ロシアに築いた毛皮のネットワークによりイスラーム商圏と結び付いていたスウェーデン人は、北欧で唯一経済の先進地帯とかかわる人たちだったのである。ところが後述するように、アダムスが訪れる数十年前にトルコ系遊牧民の活動により交易ルートを断たれ、イスラーム商圏との結び付きを失ったスウェーデン人は毛皮をヨーロッパに運び、中央ドイツの鉱山地帯から銀を獲得する交易に転じていたのである。

ハンザ同盟とドイツ化する「バイキングの海」

北欧のバイキングは、西ヨーロッパのキリスト世界と同化の道をたどる。

十字軍時代にパレスチナで巡礼の保護にあたっていたドイツ騎士団*は、十二世紀にポーランド貴族の依頼を受けてバルト海南岸に植民し、非キリスト教徒との戦いを展開した。異教徒のプロイセン人を征服したドイツ騎士団は、デンマーク王、スウェーデン王、リヴォニアの騎士団*とともに北方十字軍の中心となる。その過程でドイツ農民の植民（東方植民）が進み、後のプロイセン王国の建国につながった。

ドイツ人が入植した十二世紀から十四世紀は、ちょうど、ロシアがモンゴルのキプチャク・ハーン国（一二四〇年代〜一五〇二年）の支配下に入り、ユーラシア商圏に組み込まれた時期と重なる。ドイツ商人は、毛皮の交易先であるロシアを介してモンゴル商圏と結び付いたのである。

リューベックとハンブルクを中心とするドイツ諸都市も、東方植民の進展と共にバルト海での交易を進展させた。ドイツ人の諸都市が一二五三年に結んだ軍事同盟に基礎をおく「ハンザ同盟」により、バルト海の交易拠点となる最大の島、ゴトランド島（沖縄本島の約二・五倍の面積）の支配を巡ってバイキングと争ったのである。

＊ドイツ騎士団　12世紀後半にパレスチナの聖地巡礼者の保護を目的に設立された騎士修道会。イスラーム教徒に拠点を奪われた後、ポーランド貴族に招かれ、バルト海の非キリスト教徒と闘う。　＊リヴォニア騎士団　バルト海南岸のラトビア人居住地に設けられたドイツ騎士団の分団。

それに対抗してゴトランド島のバイキングも、「神の友にして世界の敵（ヴィターリエンブリューダー）」という戦闘集団を組織したが、一三九八年には島を追われてしまう。バルト海の交易権を、ハンザ同盟に奪われたのである。

そうした争いの時期にバルト海交易を飛躍的に成長させたのが、ニシンだった。十二世紀から十四世紀にかけて大量のニシンがバルト海の入り口のズンド海峡*（エーレスンド海峡）に産卵のために押し寄せたのである。ニシンが密集して押し寄せたため、剣を刺しても剣が水中に没することはなかったと言われるほどだった。

キリスト教では、毎年復活祭の前の四十六日間は「四旬節」として肉を断つ習慣があった。冬の寒い時期である。そうした時期のタンパク源となったのが、バルト海に押し寄せるニシンだった。バルト海のニシンがデンマーク王*などから買われて塩漬けにされた後で樽に詰められ、毎年数十万トンがヨーロッパ各地に送られた。北の大衆魚ニシンが、バルト海のドイツ商人の爆発的な繁栄をもたらしたのである。

そうしたニシンの塩漬の生産拠点が、ハンザ同盟の盟主となった都市リューベックだった。一一四三年にトラーヴェ川とヴァーケニッツ川の中洲に建設されたリューベックはバルト海に面していてヨーロッパ各地への輸送が難しかったことから、北海に注ぎ込むエルベ川河畔のハンブルクと同盟を結び輸送路を確保した。航行の難しいズンド海峡を迂回したのである。そうしたリューベックとハンブルクの提携がハンザ同盟の母体になる。

＊ズンド海峡　バルト海の入り口のデンマークとスウェーデンの国境をなす海峡。最狭部は7キロ。ズンドはドイツの呼称で単に「海峡」の意。　**＊デンマーク王**　ニシンが産卵のために大量に訪れたスウェーデン南部は、当時はデンマーク領だった。

バルト海からユトランド半島、フランドル地方、イギリス海峡に至る帯状の海域を支配したハンザ同盟は、ニシンの塩漬けだけではなく、ロシアの毛皮、バルト海周辺の穀物・木材・琥珀、フランドル地方の毛織物などを売買した。最盛期の十五世紀には、約二〇〇もの都市が加盟して、バルト海、北海周辺で活躍したとされる。

後に述べるロシアの毛皮は主力商品であり、毛皮の集散地ノヴゴロドに設けられたハンザ同盟の商館から、ドイツ、フランドル地方の諸都市に送られ、その量は年間数十万枚にも及んだとされる。

西欧世界に組み込まれた北海・バルト海

しかし、十四世紀になるとズンド海峡に産卵のニシンが訪れなくなり、塩漬ニシンで栄えたバルト海交易は次第に勢いを失う。

塩漬けニシンを通じて一時的に共存関係にあったハンザ同盟とバイキングの交易ネットワークを引き継ぐデンマーク王は、再び対立関係に戻った。最初はハンザ同盟側が優位に立ったが、十五世紀になるとカルマル同盟*を結んでノルウェー、スウェーデンを統合したデンマークがハンザ同盟を破り、バルト海の覇権を取り戻した。

ハンザ同盟に代わって台頭したのが、フランドル地方だった。フランドル北部のオランダ人は北海での流し網で大量のニシンを捕獲し、船上でエラと内臓を取り去り、樽詰めの塩漬ニシ

＊カルマル同盟　1397年にデンマークのカルマルで締結された、デンマーク・ノルウェー・スウェーデンの３王国間の同盟。

ンを大量に生産して莫大な利益を上げた。

ニシン漁では漁場までの航行に一週間もかかったため、オランダ人はニシンの加工、塩漬けニシンの樽の貯蔵に適したニシン漁専用の「バス船」を誕生させた。荒れた北海でのニシン漁では漁船の損耗が激しく、それがオランダの造船業を成長させた。オランダでは他国の半分の値段で船が造られるようになり、ヨーロッパ最大の海運国となった。

十五世紀後半になるとオランダ商人は、バルト海と地中海の中間に位置するという地の利を活かしてハンザ同盟の諸都市を圧倒。バルト海南岸のポーランドなどの穀物を地中海に運んで利益をあげる。オランダ商人のヨーロッパ規模のネットワークは、北方世界の毛皮が新たにヨーロッパ各地に普及するルートになった。

そうした過程をたどり、「バイキングの海」は西欧経済圏に組み込まれていったのである。視点を変えると、北欧とロシアがアジアの大商圏から西ヨーロッパ世界へと引き寄せられたということになる。

2　イスラーム商圏との毛皮交易で拓かれたロシア

ロシアの森林地帯で活躍したバイキング商人

陸に目を転じると、北方世界の中心になったのがヨーロッパ・ロシアからシベリアにつながる森林地帯だった。その開発の最初の担い手になったのが、バイキング商人だった。

バイキング商人が売買した毛皮は、当時の世界経済の「中心」、大乾燥地帯ではなかなか獲得できない高価な商品だった。しかし、大市場と結び付かなければ、奢侈品《しゃしひん》はローカルな商品のまま終わってしまう。大消費地と結び付くネットワークが形成されることにより、はじめて世界的な奢侈品が誕生することになる。商品の興衰には、目には見えないそれぞれのネットワークが背後にくっついているのである。

地図を見ると分かるが、ロシアは中央アジアの草原を挟んで大消費地のイスラーム世界と隣接する「川の国」であり、毛皮を世界商品にする立地条件に恵まれていた。

毛皮が世界商品になるには、運び手の毛皮商人が必要である。ところがイスラーム商人にとって木々が鬱蒼と茂るロシアの森林は不慣れな場所であり、容易に立ち入ることができなかった。砂漠や草原は彼らのフィールドだったが、先の見えない森林の迷路は苦手だったのである。そこで北方世界のバイキングが、毛皮商人として登場することになる。

毛皮交易のネットワークは、経済の「周縁」から「中心」に向かって形成されたのである。世界商品ともなれば、それなりの規模のネットワークと市場が前提になるが、バイキングがロシアの森林地帯から毛皮を持ち出せば、後はイスラーム商人が引き受けてくれたのである。

ちなみにロシアを代表する毛皮は、何といっても柔らかさと光沢を持つクロテンの毛皮だった。クロテンの毛皮には既に「毛皮の王」としての高い評価があり、「陸の時代」の代表的奢侈品として多大な収益を商人にもたらしたのである。

ロシアの森林は、古くからクロテン、シロテン、ビーバー、キツネ、リス、野ウサギなどの毛皮の産地として有名だったが、クロテンは別格で、毛皮交易のルートが「クロテンの道（セーブル・ロード）」と呼ばれるほどだった。古代ギリシアの歴史家ヘロドトス（前四八五年頃生～前四二五年没）も、その著『歴史』で、シベリアやウクライナの森林地帯と南方の草原・農耕地帯を結ぶ「クロテンの道（セーブル・ロード）」に言及し、ウクライナのスキタイ人が毛皮交易に従事していると記している。しかしヘロドトスの時代とは違い、ユーラシア規模のイスラーム商圏と結び付く毛皮市場は桁違いに規模が大きかった。

ステータス・シンボルになったクロテンなどの毛皮

ロシアの毛皮を代表するクロテンは、イタチ科の小動物でその冬毛はロシア語では「ソーバリ」、英語では「セーブル」と呼ばれ、最高の毛皮とみなされた。ヨーロッパではクロテンの毛皮がマッテンの毛皮などと区別されて「クラウン・セーブル」と呼びならわされ、「宝石」と同等の価値を与えられていた。

森林に広く棲息するイタチ科の雑食動物クロテンは、イヌとタヌキをかけあわせたような愛くるしい顔をしているが、森の中での野生の顔は全く違い、鋭い爪を持ち、木登りも泳ぎも達者な万能の狩人である。リス、野ネズミ・昆虫・ドングリ・ブドウ・キノコが、クロテンの主たる食糧だった。クロテンはネコよりも少し大きく胴長であり、体長は約五〇センチ、尻尾の長さは約一五センチ、体重は約一・五キロ位である。

クロテンは、日中は木の洞や根本に潜んで出歩かず、もっぱら夜間に捕食活動をすることから仕留めることが困難で、狩猟民がトラバサミや箱罠などを使って捕獲するしかなかった。また寿命が十五年前後で、年に二頭から四頭の子を産み育てるだけという繁殖率の低さも、クロテンの毛皮の価値を高めた。

希少性は、男性が女性に毛皮を贈る時にも、支配者が権威をひけらかす時にも重要な要因になる。クロテンのコートを一着作るのに、四〇枚ものクロテンの毛皮が必要とされ、四〇頭分がセットで取引されたことも毛皮商人には好都合だった。

クロテンの毛皮のコートは、毛の長さは四センチから五センチでミンクより深く、毛が密生していることから手触り・肌触りともに抜群で、人々を魅了してやまなかった。毛皮の色は、淡い粘土色から黒褐色まで多様だが、大抵の毛皮には銀色の毛が散在しており見栄えがよかった。なかでも漆黒の毛皮は最高級品とされて、東西の支配層の垂涎《すいぜん》の的になった。日本でも平安時代に渤海（六九八年～九二六年）から輸入されたクロテンの毛皮が、貴族の間で珍重されている。

西ローマ帝国の帝冠を受けたフランク王国のカール大帝（在位七六八年～八一四年）は、上質の毛皮で裏打ちされ、円形の裾が広がる豪華な外套を身につけていたが、そのファッションが各地の王侯・高位の聖職者に引き継がれ、クロテン、シロテンなどの豪華な毛皮の外套はステータス・シンボルになった。一般の貴族もキツネ、テン、イタチなどの毛皮を用い、ヒツジ、ヤギ、イヌなどの毛皮を身にまとう庶民との差別化を図った。

また十三世紀以降は婦人服の縁取りとしてクロテンなどの毛皮が使われるようになり、商人が経済力をもつ時代になると、商人も高価な毛皮で身を飾り富を誇示した。

イギリス国王ヘンリー八世*（在位一五〇九年～一五四七年）に至っては、王としての権威を保つために王族以外がクロテンの毛皮を身につけることを禁止し、黒色以外のテンの毛皮でも子爵以上の貴族しか着用できないと定めている。

イスラーム商圏と川の道で結びついた森林地帯

ロシアの毛皮を一挙にユーラシアの世界商品に飛躍させたのは、先に述べたようにイスラーム商圏の存在だった。アッバース朝（七五〇年～一二五八年）の時代に誕生したユーラシア商圏が、ユーラシア経済の一体化を促した世界史上の意義は、いくら強調しても強調し過ぎることはない。

イスラーム教の下で、ラクダを操り砂漠のオアシスをつなぐ商人とウマを乗りこなす遊牧民が提携し、イギリスの歴史家アーノルド・トインビー（一八八九年生～一九七五年没）が「遊牧民

＊ヘンリー八世　イングランド、チューダー朝の王。離婚問題でローマ教皇と対立し、イングランド国教会を創設した。

の爆発の時代」と形容した大ネットワークの形成の時代が始まる。モンゴル人とイスラーム商人主導のモンゴル商圏も、その延長線上に位置する。この時期にロシア産の毛皮は巨大商圏の代表的奢侈品となり、ユーラシア全域で愛好された。

イスラーム商圏は、七世紀から八世紀前半にかけてイスラーム教団（ウンマ）の大征服運動により形成されたイスラーム帝国を基礎に形成された。ところが帝国の急激な膨張は社会格差を広げ、八世紀になると格差が内紛に転化してスンナ派とシーア派の対立が激化した。

そうしたなかでシーア派の反体制運動と結び付いて成立したアッバース朝は、シーア派を弾圧して体制の維持に必要なスンナ派と結び付くとともに一〇〇〇年間にわたって西アジアの覇者であったペルシア人との協調体制を作りあげ、政権の安定を図った。

そのためもありアッバース朝は、地中海に隣接するシリアのダマスカスからペルシア高原に近いイラクの新都バグダードに遷都する。その結果、イスラーム商圏が一挙に東方に広がることになり、広大な地域が、イスラーム法とアラビア語とアラブ金貨・銀貨によりネットワーク化された。

サハラ砂漠・アラビア砂漠・シリア砂漠のキャラバン・ロードとシルクロードをつなぐ「オアシスの道」、地中海・黒海・紅海・ペルシア湾・アラビア海・インド洋・南シナ海とユーラシアの南縁部の海域を連ねる「海の道」を結合する商圏が誕生したのである。そうした広大な商圏に、北の森林地帯から延びる毛皮ルートが合流することになる。

イスラーム商業の全盛期の九世紀・十世紀に、利鞘《りざや》の大きい毛皮交易に従事したのが、先に述べたスウェーデン系バイキングである。彼らがロシアの森と川と集落を結ぶ「クロテンの道」を築きあげ、イスラーム商圏に独占的にロシアの毛皮を供給したのである。大森林地帯の中央部に位置する「毛皮の宝庫」ロシアは、スウェーデン系バイキングの働きにより世界史に姿を現したと言っても過言ではない。

ロシアと蝦夷地《えぞち》の類似性

そうしたバイキング商人とロシアの狩猟民スラブ人の関係は、わが国の蝦夷地（北海道）における松前藩とアイヌの関係に類似している。規模においてはイスラーム商圏のような広がりはないが、狩猟・採集民の産物を武装した商人が集め、他地域の市場で売り捌くという点では、北海道はロシアと同じだった。自給自足の生活をおくる狩猟・採集民アイヌを商人が組織し、大消費地と結び付けたのである。

秋田檜山城《ひやまじょう》の城主、安藤実季《さねすえ》の代官として、蝦夷地の松前徳山館を中心に蝦夷地の倭人を支配した蠣崎慶広《かきざきよしひろ》は、一六〇四（慶長九）年、徳川家康からの黒印状でアイヌ交易の独占を認められ、商場《あきないば》を家臣に与える商場知行制度により蝦夷地の交易を独占した。スウェーデン系バイキングと同様、蠣崎氏は商人大名だったのである。

しかし、蠣崎氏はバイキングと違って交易センターとして松前を建設し、近江商人などを呼び寄せて蝦夷地の物産を取引した。とくに金・鷹・木材は、藩主の専有物とされた。各地に設けられた「商場」の物品が松前に集められ、海運により本州に運ばれたのである。

ちなみにスウェーデン系バイキングがロシア建国の母胎になった痕跡は、「ロシア」という国名に残されている。「ロシア」が国号として使われたのは十六世紀頃のことだが、それ以前は「ルーシ」と言う呼称が一般的だった。

その「ルーシ（ルス）」とは、スラブ語で「船のこぎ手」の意味である。つまり川船を使って毛皮を運んだスウェーデン系バイキングを指しているのである。船を用いてバルト海から川伝《かわづた》いにロシアに入り、ヴォルガ川を下って毛皮をイスラーム商圏に運んだスウェーデン系バイキングに対する、スラブ人の呼び方がロシアという国名の起源になっている。ロシアからイスラーム商圏に向けての大量の毛皮供給は、九世紀頃に始まる。

3　「琥珀の道」から「クロテンの道」への転換

一五〇万都市バグダードで歓迎された毛皮

アッバース朝の首都バグダードは最盛期の人口が一五〇万人を数え、産業革命以前の最大規模の商業都市だった。バグダードは、ユーラシアとアフリカにまたがる交易ネットワークのセンターだったのである。クロテンなどの毛皮は奢侈品としてバグダードのバザール（市場）で持て囃され、大ネットワークにより流通した。

すでに六世紀にはネストリウス派*の修道士により絹の製法が中国から西アジアに伝えられており、絹の希少性は薄れていた。奢侈品が、絹から毛皮に切り替わったのである。内陸の砂漠や草原は寒暖の差が激しく夜は冷えることから毛皮の需要はもとから高く、高価な毛皮は最高の奢侈品としてもてはやされた。

アラブ人の著名な歴史家マスウーディ（八九六年頃生〜九五六年没）は、九三四年、「アラブやペルシアの王族は、ブルタース地方（ボルガ・ブルガールとハザールの中間地域）でとれるキツネの一種から得られる黒い毛皮をことのほか好み、その生皮一枚に対して、破格の一〇〇ディナール以上の大金を支払っている」と、クロテンが高価に売買されたことに言及してる。

絶好の商機を見過ごす手はない。儲《もう》けの大きさが、毛皮の取引量を増大させた。バルト海のスウェーデン系バイキング「ルーシ」は、滔々と流れるロシアの諸河川を連水陸路（船を担いで川と川をつなぐ陸路）で結び、森から草原に流れ出すヴォルガ川を下り、カスピ海北岸の交易都市イティルで毛皮を売りさばいた。「川の道」沿いに、ノヴゴロド*、スモレンスク*などの毛皮交易の中継都市が誕生していく。

毛皮輸送が蘇えらせた「琥珀の道」

＊ネストリウス派　ローマ帝国から異端として排斥されたキリスト教の一派。ペルシアで勢力を得、インド、中国にも伝播し、唐代に景教と呼ばれて盛行。　＊ノヴゴロド　ロシア北西部のイリメニ湖から流れ出すヴォルホフ川沿岸の代表的な毛皮の集散地。ロシア最古の都市であるが、都市名は「新しい都市」の意。

バイキングの毛皮交易ルートは、標高三〇〇メートル程度のロシアの分水嶺ヴァルダイ高地から北西と南の二方向に流れ出す諸河川を使ってなされた。氷河に侵食された平坦な土地に積もる膨大な量の雪が、ロシアの河川の特色を生み出している。川の水量は豊かだが、流れそのものは極めて緩やかなのである。バイキングはロシアの諸河川の特性を利用し、バルト海のリガ湾に流れ込むドヴィナ川などを溯り、カスピ海に向けてゆったりと流れ出すヴォルガ川を下って、琥珀、蜂蜜、奴隷などと共に毛皮をイスラーム世界に運んだのである。

しかしバイキングが、短期間に「毛皮の道」をイスラーム商圏につなげることができた背景には、それなりの歴史的蓄積があった。ヴォルガ川がロシアの日用品のみならず奢侈品輸送の大動脈として、すでに一般化していたのである。ヴォルガ川は古代の代表的奢侈品、琥珀の輸送ルートとして古くから使われていたのである。

極言すればロシアの川のルートは古来広く利用されており、主商品が琥珀から毛皮に入れ替わり、取引先がペルシア帝国、ローマ帝国からイスラーム帝国に変っただけだとも言えるのである。

古代の北方世界の特産物は、何といってもバルト海の琥珀＊（amber）だった。バルト海のエストニア地方を主産地とする琥珀を大消費地の西アジア、地中海に運んだ道は、「琥珀の道（アンバー・ロード）」と呼ばれる。そのルートになったのが、ライン川、ドナウ川などと共にロシアの諸河川だったのである。

＊**スモレンスク**　モスクワの南西360キロ、ビザンツ帝国につながるドニエプル川に面している。
＊**琥珀**　樹脂（ヤニ）が地中で固化してできた。Amberはアラビア語。中国では虎が死んで石になったと信じられ、「琥」の文字が用いられた。

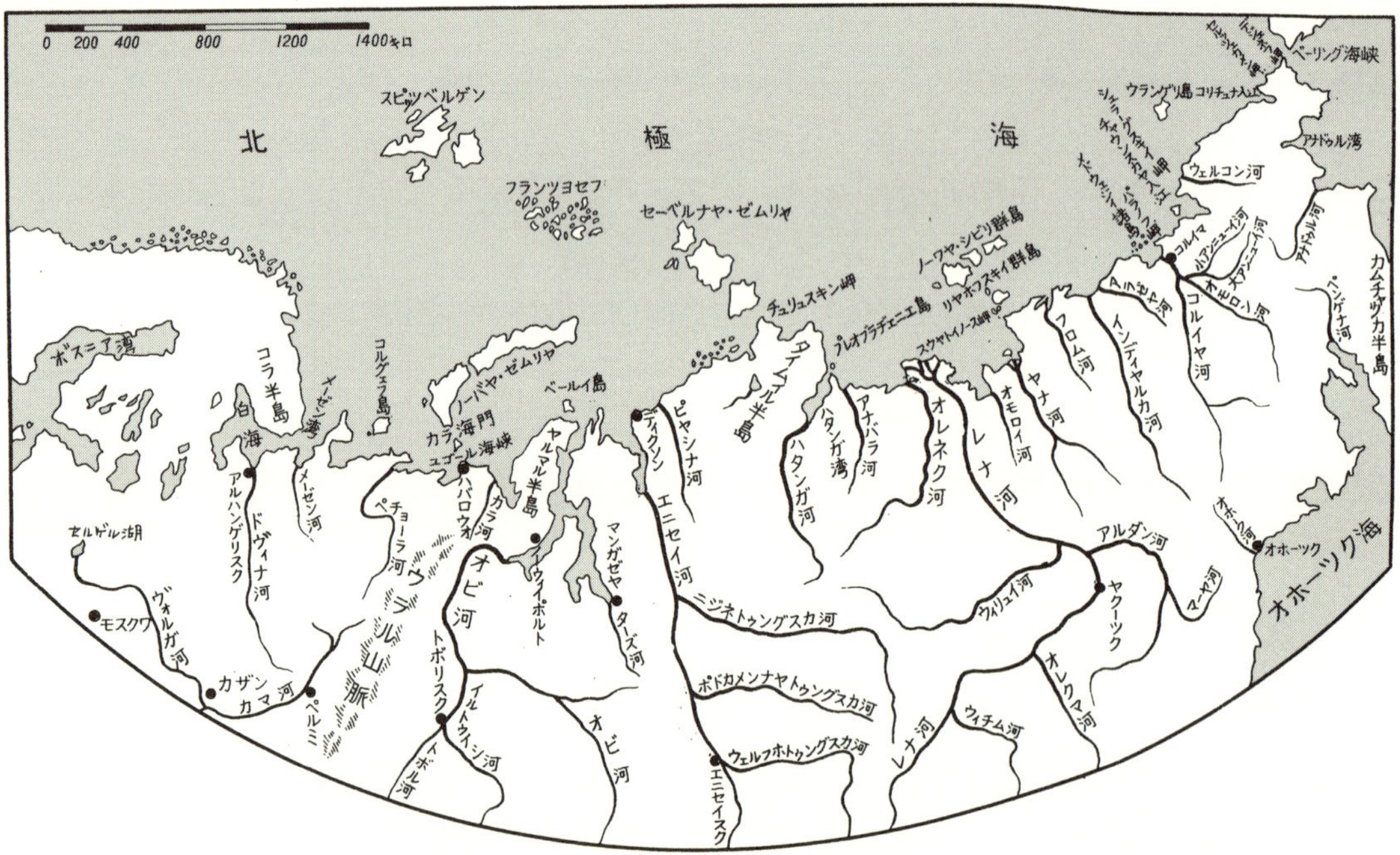
0 200 400 800 1200 1400キロ
北
極
海
スピッツベルゲン
フランツヨセフ
セーベルナヤ・ゼムリヤ
ノーバヤ・ゼムリヤ
ベールイ島
コルグェフ島
ボスニア湾
コラ半島
白海
メーゼン湾
カラ海門
ユゴール海峡
ヤルマル半島
タイミル半島
チェリュスキン岬
プレオブラヂェニエ島
スウャトイノース岬
ノーワヤ・シビリ群島
リヤホフスキイ群島
ウランゲリ島
コリチュナ入江
ベーリング海峡
アナドゥル湾
カムチャツカ半島
オホーツク海
ウェルコン河
アナドゥル河
ペンジナ河
コルイマ
コルイマ河
オモロン河
セルゲル湖
モスクワ
ヴォルガ河
カザン
カマ河
ペルミ
ウラル山脈
アルハンゲリスク
ドヴィナ河
メーゼン河
ペチョーラ河
ハバロウオ
カラ河
オビ河
トボリスク
イルトウイシ河
トボル河
オビ河
アイウイポルト
マンガゼヤ
ターズ河
ディクソン
エニセイ河
ピャシナ河
ニジネトゥングスカ河
ポドカメンナヤトゥングスカ河
ウェルフホトゥングスカ河
エニセイスク
ハタンガ河
ハタンガ湾
アナバラ河
オレネク河
レナ河
オモロイ河
ヤナ河
フロム河
インディギルカ河
ウィリュイ河
アルダン河
ヤクーツク
マーヤ河
オレクマ河
ウィチム河
レナ河
オホーツク河
オホーツク

ロシアの主な河川

歴史においては、絶えず「組み替え」が繰り返される。時代の変化に伴って、休眠状態だったシステムや装置が組み替えられ、再生されることが多い。ここでは、北方世界の主力商品が琥珀から毛皮に変わり、新たな大消費地がバグダードになったことで、「琥珀の道」の一部が「毛皮の道」に組み替えられたと考えればよい。毛皮の交易ルートは、にわかに作られたものではなかったということである。

ロシアのスレブロドリスキーの著作『こはく』によると、バルト海は水深四メートルから十五メートルと非常に浅く、海底には一平方メートルあたり〇・二キログラムの琥珀を含む海緑石層が横たわっているという。そのため、嵐の際などに大量の琥珀が岸辺に打ち上げられた。時には、打ち上げられた琥珀の量が数トンにも達したという。説明が遅れたが、琥珀松の「松ヤニ」が化石化したのが「琥珀」である。

バルト地方には、愛する男に裏切られた人魚が流した「涙」が冷たい海底で凍りつき、それが浜辺に打ち上げられて琥珀になったというロマンティックな伝説もある。現地でも、琥珀の生成は、謎になっていたのであろう。バルト海では琥珀はただ同然だったが、西アジア・地中海に運ばれると「北方の黄金」と呼ばれ、時には金と同じ重さで売買されるほど珍重された。

古代西アジア・地中海の奢侈品だった「琥珀」

毛皮の話からは少し外れるが、古代の琥珀について簡単に述べておく。黄色や赤色の神秘的な輝きを持ち、静電気を帯び易い琥珀は、古代では人間のエネルギーと宇宙のエネルギーを結び付ける不思議な物質、「個人を普遍に結び付ける糸」とみなされた。

古代エジプトのファラオや神官は、黄金色に輝く「太陽の石」琥珀を好んで身につけたという。巨大な黄金のマスクで有名なツタンカーメンの副葬品の中にも、琥珀が含まれている。

最初に琥珀が静電気を帯び易い性質を持つことを明らかにしたのは、万物の根源を「水」に求めたミレトスの有名な自然哲学者タレース（前六二四年頃生～前五四六年頃没）だった。ギリシア人が琥珀のことを「エレクトロン（elektron）」と呼び、それが英語で「電気」を意味するelectricityになったのは、琥珀の静電気を帯びやすい特性によるとされている。

キリスト教世界でも琥珀は、不変・不滅などの性質を持つ「金」、輝き・光などの性質を持つ「銀」の双方の力を兼ね備えた希有の物質とみなされた。

以前ナポリの国立博物館で開催されていた「地中海の琥珀」展を見たことがあるが、その量の凄さと加工技術の多彩さに圧倒された。フェニキア人、ギリシア人、エトルリア人、ローマ人の商人は琥珀交易で莫大な利益を得るために、遙か離れたバルト海沿岸と結びついたのである。

しかし、琥珀を運ぶ商人は荒れる北の海を敬遠し、安全な内陸の河川をつなぐ交易ルートを利用した。バルト海と黒海・地中海をつなぐ「琥珀の道」には、次のような五つのルートがあったとされる。

(一) エルベ川とライン川、ローヌ川を結ぶルート
(二) グダニスク湾からドナウ川に出てアドリア海に至るルート
(三) ビスワ川、ドニエストル川*で黒海に至り、エジプト・ギリシアに至るルート
(四) ネマン川、ドニエプル川を経て黒海に至るルート
(五) バルト海からネヴァ川*、ドニエプル川を経てビザンツ帝国に至るルート

それら五つのルートのうち、ローマ帝国とつながる主要ルートは(一)と(二)だった。後者の三つは、いずれも往来しやすいロシアの河川を利用している。しかし、「琥珀の道」が主に黒海・地中海につながるドニエプル川を利用したのに対し、「毛皮の道」は消費地がバグダードであったことから、カスピ海に流れ込むヴォルガ川がメイン・ルートとして選ばれた。いずれにしても水源が兵陵地帯の湖沼にあり雪融け水を集めてゆったりと流れるロシアの諸河川は、交易に最適だったのである。

ちなみに、毛皮の最大の集散地のノヴゴロドも、かつては琥珀交易の要地だった。ノヴゴロドやモスクワ南東のリャザンから琥珀を加工する工房の遺跡が発掘されていることからも、それが理解される。

＊ドニエストル川　ポーランドとウクライナの国境地帯からウクライナの国境を形成しながら南に流れて黒海に注ぐ川。　＊ネヴァ川　ロシア北西部のラドガ湖からバルト海のフィンランド湾に流れ出す川。

バルト海・北海周辺から発掘された二〇万枚のイスラーム銀貨

スウェーデン系バイキングはロシアの諸河川の特性を熟知しており、バルト海沿岸からロシアの森林地帯に入り、そこで得た毛皮・奴隷・蜂蜜などの特産物をヴォルガ川を下ってカスピ海北岸の交易都市イティルに運び、ユダヤ商人、イスラーム商人に売却した。それは、決して難しい商売ではなかった。毛皮はその後、イスラーム商人の手でカスピ海南岸のジュルジャン（現在のゴルギャン）に運ばれ、そこから大消費都市バグダードへと送られた。
九世紀頃、アッバース朝の駅逓長官を勤めたイブン・フルダーズベ（？生～八八二年頃没）が著した『諸道路及び諸国志』は、ルーシが担った毛皮交易を次のように記している。

ルーシ人（ルス人）は、スラブ人の住まう最も遠いところから、ローマ人の海（黒海）を渡ってコンスタンティノープルにやって来る。そしてこの地で、彼らの商品のビーバー（海狸）の皮、並びに刀剣を売る。あるいは、彼らをスラブの川、つまりドン川（ヴォルガ川の誤り）をさかのぼり（下り）、ハザル人の都をめざして進む。この地で彼らは小船に乗り、ジュルジャーンからバグダードへ運ぶ。バグダードではスラブ人の宦官が、彼らのために通訳の役をする。

毛皮はバグダードだけではなくヴォルガ川中流域の都市ブルガールにも運ばれ、そこから草原を通って西トルキスタンのサマルカンドやブハラに運ばれ、ソグド商人がシルクロードの新たな有力商品として売りさばいた。遊牧民の間でも、東方の中国でも、毛皮は大人気だったのである。

現在、バルト海沿岸やヴォルガ川の流域のバイキングの墓*から、ルーシがもたらした九世紀から十世紀に鋳造されたイスラーム銀貨が、大量に発掘されている。しかもその大部分は、シルクロードの中心部、ソグド地方（現在のウズベキスタン）を支配していたペルシア系のサーマン朝（八七五年～九九九年）が鋳造した銀貨である。シルクロード商人が、行き詰まっていた絹の交易に変えて積極的に毛皮交易に乗り出したことが分かる。毛皮は、最も儲かる奢侈品になったのである。

バルト海沿岸・東欧で発掘されたバイキング時代の銀貨約二〇万枚の約半数（イスラーム銀貨四万枚、アングロ・サクソン銀貨二万一〇〇〇枚）が、バルト海に浮かぶスウェーデン系バイキングの居住地ゴトランド（ゴート人の土地の意味）島から出土している。そうしたことから、佐渡島の約三倍の広さを持つバルト海最大のゴトランド島が、スウェーデン系バイキングの交易拠点であったと考えられている。

アルムグレンの『図説ヴァイキングの歴史』は、「むろん埋蔵銀貨が、交易によって島に招来された銀貨の総量といったものを示すわけではなく、総量を推測することは難しい。だが、

***バイキングの墓**　バイキングの首長が死亡すると、食糧、武器などの副葬品とともに船に乗せ、いつでも出発できるように、海辺の丘に葬った。副葬品として銀貨が埋葬されることも多かった。

仮に交易で得られた千枚の銀貨につき一枚だけが出土するとしたら——かなり楽観的な計算だろうが——ゴトランド島人たちは交易が最盛期にあった一世紀半の間に一億枚以上の銀貨を得ていたはずだ」と、毛皮交易の規模が極めて大きかったことを推測している。

バイキングを形容する「右手に剣、左手に秤」という言葉があるが、彼らは剣を持つ略奪者であると同時に秤を持つ商人だった。そうした言葉からも中世の西ヨーロッパよりも早く、北欧のバイキング社会に貨幣経済が浸透していたことが理解できる。しかし、ゴトランド島からはバイキングの都市遺跡は発掘されておらず、農民が商人として毛皮交易に携わっていたと推測される。

ちなみに、バイキング商人は銀貨を地金として扱い、秤で計って使用していた。銀貨が半分・三分の一、四分の一に分割されて使われていた様子が、出土した銀貨の状態から理解できる。

4　毛皮交易が結んだバルト海と中央アジア

母なるヴォルガは中央アジアのカスピ海へ

ロシアの大地を流れる「母なるヴォルガ」は、カスピ海（イスラーム世界では「ハザルの海」と呼ばれた）経由で、バルト海、ロシアをイスラーム世界に結び付ける毛皮交易の大動脈になった。

毛皮は、その後カスピ海を縦断してバグダードにもたらされた。「母なるヴォルガ」が、北方世界とイスラーム世界を結び付ける主要ルートでもあったのである。

ヴォルガ川の水源はモスクワの北西約三〇〇キロに位置する標高約三二〇メートルのバルダイ丘陵*であり、水源から海抜三〇メートルの河口までの標高差は僅かに二九〇メートルに過ぎない。ヴォルガ川は、約三六九〇キロ（日本列島の長さが約三〇〇〇キロ）かけて二九〇メートルの標高差をゆったりと下る。しかも流域面積は、ヨーロッパ・ロシアの約三分の一にも及んでいる。

現在でもロシア共和国の人口の約四分の一はヴォルガ川流域で生活しており、ロシアの人口一〇〇万人以上の都市のほとんどがそこに集中しているのは恵まれた条件のためである。また、ヴォルガ川はロシアの全河川輸送量の約三分の二を占める。

繰り返しになるが、ヴォルガ川は一キロ当たりの落差が八センチというように滔々と流れるが、その約六〇パーセントが雪解け水である。日本で一番長い信濃川の水源が標高約二五〇〇メートルの甲武信ヶ岳《こぶしがたけ》であり、ヴォルガ川の一〇分の一の約三六七キロで海に注ぐのと比較すると、ヴォルガ川の悠々たるイメージが浮かび易いかも知れない。

ヴォルガ川の水源バルダイ丘陵からは、黒海に注ぎ込むドニエプル川、バルト海に注ぎ込む西ドヴィナ川も共に流れ出しており、バルダイ丘陵を「扇の要」としてバルト海・黒海・カスピ海が相互に結び付けられていた。バルダイ丘陵の付近に位置するモスクワが、後に内陸ロシ

＊バルダイ丘陵　モスクワの北西約300キロに位置する丘陵。最高峰は海抜347メートルのカメクニ山。

アの中心になった理由もそこにある。

草原の中の中継都市イティル

毛皮の受け手となるイスラーム商圏は、人口一五〇万人を数える帝都バグダードを中心に、三大陸に広がっていた。毛皮商人は、ハザル*・ハーン国（七世紀〜十世紀）のトルコ系商業民の仲介で、イスラーム商圏と結び付いたのである。

ハザル・ハーン国は、イスラーム商圏とビザンツ帝国の中間に位置しており、ユダヤ商人、アルメニア商人など多くの商人が集まった。その首都イティルは、カザフ草原のほぼ中央、カスピ海に流れ込むヴォルガ川の河口に位置しており、東・西の大草原、バルト海とカスピ海を結ぶ南・北の交易路が交差する地点に位置していた。

イティルはロシアの玄関口であるとともに、中央アジア経済の要衝だったのである。

バイキングはバグダードに赴かなくても、毛皮、奴隷、琥珀などをイティルで売却し、東方の珍しい物産や銀と取り換えることができた。イティルには、イスラーム商人、カフカース山脈（コーカサス山脈）を越えてやってくるアラブ人、ユダヤ人、ビザンツ帝国のギリシア人、スラブ人などが集まっていた。

経済立国を図るハザル・ハーン国は、八世紀にはイスラーム教、キリスト教の二大勢力に対して中立を保つためにユダヤ教を国教とし、緩衝地帯の国家としての独自性を打ち出した。ア

＊ハザル　６世紀後半から11世紀にかけて、カスピ海と黒海の北のアゾフ海、ヴォルガ川とドン川の間に居住したトルコ系遊牧民。

ラブ人の地理学者マスウーディは、アッバース朝の最盛期のハールーン・アッラシード（在位七八六年〜八〇九年）の時代に、ハザルの王がユダヤ教を受け入れたことから、イスラーム帝国やビザンツ帝国での迫害を逃れたユダヤ人がイティルに集まったと記している。ユダヤ商人が集まることは、ハザル・ハーン国にとり、都合が良かった。ちなみに七三二年、ハザル・ハーン国の王（ハーン）の娘がビザンツ帝国の皇帝に嫁ぎ、レオン四世（在位七七五年〜七八〇年）を出産している。

アラブ人が描写したバイキング商人

支流のカマ川との合流地点に近いヴォルガ川の屈曲部に建てられたブルガール・ハーン国（七世紀〜十三世紀）も、毛皮交易の中心だった。九二二年、ブルガール・ハーン国に派遣されたアッバース朝カリフ・ムクタディル（在位九〇八年〜九三二年）の使節団*に同行したイブン・ファドラーンは、『リザーラ（覚書）』で、同地で出会ったバイキングの毛皮商人について、次のように記録している。長くなるがバイキング商人のイメージを描くのに適しているので引用してみることにする。

私がルーシ人を見たのは、彼らが交易を求めて到来し、アトゥル（ヴォルガ）河畔に居を構えていた時であった。私はこれまで、彼らほど完璧な体格をした人々を見たことがな

＊カリフ・ムクタディルの使節団　その目的はブルガール・ハーンにカリフへの貢納金を支払わせることだったが、目的は果たされなかった。

かった。彼らはナツメヤシのように背が高く、赤味がかった肌をしていた。彼らは上着もカフタン（帯のついた長袖の着物）も着ていない。だが、男は上半身をわずかに覆う外套を着ており、片手は外套がまつわりつかないようになっている。
彼らは誰も闘斧《とうふ》、剣、ナイフを肌身はなさず携行している。（中略）ルーシの婦人は皆、胸元でしっかりと結び付けた容器を持っているが、これらはすべて夫の財産の規模と価値に応じて、鉄、銀、銅あるいは金で作られていた。容器の上には一本のリングがあり、そこにナイフが下がっていたが、これも胸元でしっかり結びつけられていた。彼女ら（婦人）は首に、金や銀の首輪をしていた。その理由は、夫が一万ディルハムを所有すると、妻に首輪を一本作ったためである。二万ディルハムの時は首輪二本となる。このようにして妻は、一万ディルハムごとに新たに首輪一本を手にし、それにより夫は財産を増やすのである。そのため婦人の中には、幾本もの首輪をしている者もよく見かける。（中略）
ルーシは船を停泊させると、誰もが直ぐさま上陸し、パンや肉、玉葱にミルクにナビート（多分、麦酒であろう）を携えて、人面のようなものを彫ってまっ直ぐに立てられた高い木柱のところにやってきた。その周囲には小像が並び、またこれらの像の背後にも高い木柱が地面に突き立てられている。ルーシ人はこの大きな像に歩み寄り、地面にひれ伏して、「おお、我が主よ、私はこんなに多くの若い女と、こんなに沢山の黒貂《クロテン》の毛皮を携えて、はるばるやって参りました」と言い、持ってきた商品をすべて数え上げ、「私は今、この供物を持ってあなた様のもとに参ります」と言った。それから運んできた供物を木柱の前に並べるのである。「願わくば、あなた様のお力で、デナリウス金貨とディルハム銀貨を沢山持ち、私の望む物を買い上げ、私の言うことに異を唱えぬ商人に巡り合わせて下さい」こう言って彼は立ち去る。

イブン・ファドラーンは、バイキング商人の妻が夫が一万ディルハムの銀貨を獲得する度に首輪一本を手にしたと記しており、毛皮交易の規模の大きさが具体的に理解できる。

アラブ人の地理学者のマスウーディとムカダシーは、ブルガール人*とバイキング商人の間で取引された商品として、黒貂《クロテン》、リスの毛皮、白貂《シロテン》、黒と白の狐、貂《テン》、ビーバー、矢と剣、蜜蝋、樺の樹皮、魚の歯、石灰、琥珀、蜜蜂、山羊の皮、馬皮、鷹、樫の実、ハシバミの実、奴隷、牛などを上げている。他方バイキングがイスラーム商人から得た品は、銀貨の外に絹製品、ガラス器、青銅の瓶、インドの財布、香辛料、ブドウ酒など多岐にわたっていた。

5 対イスラーム交易の終焉とロシアの建国

ルーシによるキエフ公国建国の背景

＊ブルガール人　カスピ海と黒海の間の大草原で活躍した遊牧トルコ人。

十世紀になるとシーア派の台頭で混乱が広がり、アッバース朝が戦国時代のような混乱状態に陥る。戦争が繰り返される中で、トルコ系遊牧民のマムルーク（軍事奴隷）の力がアッバース朝で強まった。中央アジアの草原でも、トルコ系遊牧民のペチェネグ人*が勢力を拡大する。そうしたこともあって、森林地帯から草原地帯に抜けるバイキングの毛皮交易は困難になり、ロシアの森林地帯とバグダードを結ぶネットワークが中断されることになった。毛皮交易で培われたロシアのネットワークは、孤立してしまうことになる。

そうしたなかで、ロシアの毛皮交易のネットワークが政治的に変形され、スウェーデン系バイキングの主導下に「ルーシ（ロシア）国家」の建国がなされた。ちなみに、ロシアはルーシがギリシア語化された呼び名である。九世紀末にスウェーデン系バイキングのルーシが、現在のベラルーシ、ウクライナに居住していたスラブ人諸部族を統合し、建国したキエフ公国（九世紀〜十三世紀）がそれである。

毛皮交易を仲介していたハザル・ハーン国はトルコ系遊牧民ペチェネグ人の攻撃で、十世紀後半に滅亡。商売敵だったヴォルガ・ブルガール・ハーン国も、十世紀後半に滅亡した。イスラーム世界の混乱により、バルト海と中央アジアを結ぶ毛皮交易は、二〇〇年足らずで衰退した。毛皮交易が栄えた一つの時代が終ったのである。バルト海へのイスラーム銀貨の流入も、十一世紀に終っている。

ルーシがロシアを建国したとする説に対しては、二十世紀になると強い異論が唱えられるこ

＊ペチェネグ人　８世紀から９世紀にかけて、カスピ海の北の草原から黒海の北の草原で勢力を振るったトルコ系遊牧民の部族同盟の人々。

ウプサラ
バルト海
ノヴゴロド
プスコフ
ポロツク
ロストフ
ヴォルガ川
ムーロム
ヴォルガ・
ブルガール国
カマ川
ブルガール
スモレンスク
ルーシ
ヴォルイニ
キエフ
ペレヤスラヴリ
ロシ川
ハザール国
ドン川
北ドネツ川
ドニエプル川
ドニエストル川
ペチェネグ人
サルケル
ヴォルガ川
ウラル川
イティル
ペレヤスラヴェツ
トムタラカニ
ヘルソネソス
クバン川
ドナウ川
ブルガール
帝国
黒海
カスピ海
コンスタンティノープル
ビザンツ帝国
0
200km

ロシア建国前の周辺国

とになった。ルーシのロシア建国を巡る二十世紀の論争は、「ノルマン論争」と呼ばれる。ロシアの起源がスウェーデン系バイキングに求められるという一般的な説に対し、ソ連の歴史家がルーシはスラブ人の国家を指すという反論を出して、大論争になったのである。「ルーシ」は、キエフ地方の地名であるとか、キエフの近くには「ローシ」という川があるなどとする説が現れた。

一九三〇年代のロシアでロシアのスラブ起源説が主張された背景には、ドイツにおけるヒトラーの台頭、その「アーリア人の優越」の主張に反発するスターリンの民族主義があった。しかしマクロに世界史を眺めると、イスラーム商圏の需要に応えて活動を活発化させたスウェーデン系バイキングのルーシが、ロシアの「川の道」を構造化し、キエフ公国（八八二年〜一二四〇年）を建国したとみなすのが妥当なように思われる。

キエフ公国の創始者は、ノヴゴロドを建設したルーシの首長リューリクの後を継ぐオレーグ（在位八八二年〜九一二年）だった。八七九年、オレーグはビザンツ帝国への交易路に沿って南に勢力を伸ばし、交易路の南の中心キエフで建国した。オレーグは、「ハザルの海」と呼ばれたカスピ海の北岸を支配するトルコ系遊牧民の攻撃からロシアの「川の道」を守ることに専念し、バルト海、フィンランドに近いロシア最大の湖のラドカ湖から南のキエフに至る大領域を支配した。

しかしキエフ公国は権力争いにより十二世紀前半に分裂し、モンゴル人（タタール人）が侵入するまでの約一〇〇年間にわたり分裂を続けることになる。毛皮の集散地ノヴゴロドは、一一三六年キエフ公国から独立して自由都市となり、約三〇〇年間毛皮交易の中心としての位置を保ち続けた。

遊牧民の脅威へのビザンツ帝国とルーシの提携

ルーシとビザンツ帝国は、遊牧トルコ人のペチェネグ人の攻撃に対処するという共通の課題から相互に連携を強めた。

八三九年、ビザンツ皇帝テオフィロス（在位八二九年～八四二年）がフランク王国のルイ敬虔王の下に派遣したギリシア人の使節団員にルーシが加わっていた。使節団には、往路と同じルートを戻ると野蛮な人々の待ち伏せにあう危険性があるとして、フランク王国を経由して帰国させて欲しい旨の皇帝の書状が託されていた。ルイ敬虔王は「ルーシ」が何者かを調べさせ、スウェーデン人であることが明らかになったと記している。

ペチェネグ人の侵入に悩まされたキエフ公国は、懐柔策をとるビザンツ帝国と急速に接近。九世紀末にギリシア人の宣教師キュリロスとメトディオスがルーシー社会にアルファベット（キリル文字*）を伝えたのも、そうした動きの中で起こった。やがてキエフ公国のウラジーミル一世（在位九七八年～一〇一五年）はビザンツ帝国の影響でギリシア正教に改宗し、ビザンツ皇帝の妹アンナを妃に娶った。ルーシは、ビザンツ文明の影響を強く受けながら国家体制を整える。

＊キリル文字　ロシア語などのスラブ諸語を表記するのに用いられているアルファベット。ギリシア文字から考案された。

キエフ公国は、北方世界で最初の本格的な国家となったのである。

他方イスラーム商圏との結び付きを断たれて銀貨の供給先を失ったバイキングは、やがてヨーロッパに交易路の方向を転じ、ドイツ中部のハルツ山脈の銀と結び付くことになった。バルト海のゴトランド島の商人は毛皮を中部ドイツに運び、毛織物・銀を獲得したのである。

十一世紀以降の農業革命、*大開墾運動で豊かになった西ヨーロッパでは、毛皮ブームが起こった。第一次・第二次十字軍の後、ロシア、アルメニアから高価な毛皮がもたらされるようになって、富裕層のステータスを示すものになったのである。毛皮ブームは王侯・貴族から庶民にまで及んだ。バイキングのクロテンなどの毛皮交易は、イスラーム商圏から新興ヨーロッパに方向を変えたのである。

＊**農業革命**（中世西欧の）　馬や牛に牽かせる有輪重量犂の普及、三圃制の実施などにより広大な農地の耕作が可能になり、農地が飛躍的に拡大した。

第3章　モンゴル帝国以後の毛皮市場の拡大とシベリア開拓

1　「クロテンの道」をシベリアに延長させたモンゴル帝国

モンゴル帝国によるイスラーム商圏の再編・拡大

ロシアの毛皮交易が新たに拡大する契機になったのが、十三・十四世紀へのモンゴル人の中央アジアの草原地帯からの進出だった。ロシアでは毛皮が税として徴収され、毛皮交易がユーラシアの東西に拡大する。ユーラシアの大部分を支配したモンゴル帝国は、イスラーム商人と結んで「草原の道」と「海の道」を複合する円環ネットワークを成長させ、イスラーム、中国、ヨーロッパの経済を結び合わせてユーラシア規模の商圏を成長させた。モンゴル帝国の形成過程でバグダード、ブハラ、サマルカンドなどの既存の都市は破壊され、イル・ハーン国の首都タブリーズ*、元の首都の大都（現在の北京）が東西の経済センターとなった。そのためもあって毛皮交易のネットワークは広くユーラシアに及び、毛皮に対する需要が一挙に増大する。毛皮

*タブリーズ　13世紀にイル・ハーン国の都とされた「草原の道」につながる都市。カスピ海の西、テヘランから約600キロに位置する。

の産出地ロシアは、モンゴル帝国と結び付くことで、再び息を吹き返した。ロシアは、イスラーム帝国とモンゴル帝国というユーラシアの二大帝国と深く係わるなかで形成されたのである。極言すれば、ユーラシアの世界史が、毛皮大国ロシアを育てたといえる。

冬の寒さと烈風に悩まされるモンゴル高原の遊牧民にとって毛皮は必需品であり、モンゴル商圏の代表的な奢侈品としての地位を確立した。そのために交易量が増大し、毛皮猟と毛皮交易がロシアから西シベリアに拡大することになる。イスラーム商圏の時代には砂漠のオアシス・ルートが交易の中心だったが、モンゴルの時代になると大森林地帯に隣接する草原に交易の中心が移り、毛皮の流通量はさらに増大することになる。しかしモンゴル商圏を担ったのは依然としてイスラーム商人であり、モンゴル帝国のユーラシア円環ネットワークは「イスラーム商圏の再編」とみなされる。

ロシアの毛皮のネットワークを拡大したモンゴル帝国

時代は少しさかのぼるが、モンゴル人のロシア侵入は、十三世紀前半になされた。チンギス・ハーンのホラズム朝*遠征に参加したジェベとスブタイが率いるモンゴル軍が、中央アジアの交易路を通ってカスピ海北方に攻め込む。ホラズム朝の王アラー・アッディーン・ムハンマドはカスピ海中の小島に追い詰められて病死した（一二二〇年）。その後、モンゴル軍はカフカス山脈を経由して南ロシアに侵入。一二二三年、モンゴル軍はアラル海に流れ込むカルカ川の河畔

＊ホラズム朝　アム川下流のホラズム地方から起り、中央アジアからイラン高原にいたる広大な地域を支配したイスラーム王朝（1077年～1231年）。

でくりひろげられた戦いで、トルコ系遊牧民とロシア諸公の軍を破ったが、その後バトゥ（一二〇七年生～一二五五年没）を司令官とする三万五〇〇〇人のモンゴル軍がロシアに侵入して、分裂状態にあったキエフ公国を滅ぼし、一二四三年、ヴォルガ川河口のサライを都とするキプチャク・ハーン国（一二四三年～一五〇二年）を建国した。

征服されたキエフについては、モンゴル帝国に派遣されたローマ教皇の使節プラノ・カルピニ*が、二〇〇所帯の人々が住む廃墟として放置されていると記している。

それ以後の二〇〇年間以上、森林の国ルーシは遊牧民のモンゴル人に臣従した。いわゆる「タタールの軛《くびき》」の時代である。ちなみに「軛」とは、車の轅《ながえ》の先端につけて車を引く牛・馬の首の後ろに掛ける横木のことである。モンゴル人がロシア人を、牛や馬と同じように酷使したことを意味する。

ロシアに侵入した遊牧軍は、モンゴル人とトルコ人の混成部隊で「タタール」と呼ばれた。キプチャク・ハーン国は、首都のサライからロシア各地にモンゴル人・トルコ人の調査人（チスレンニク）を派遣して戸口調査を行い、「バスカク（代官）」の手でクロテンなどの毛皮を税として徴収した。モンゴル人はその毛皮を、ユーラシア各地に流したのである。

毛皮が進めさせたシベリア進出

ロシアの毛皮が良質なことはすでに遊牧民の間で知れ渡っており、モンゴル人はクロテンな

＊プラノ・カルピニ　(1182年生～1252年没)、1246年、モンゴル帝国の首都カラコルムに至り、グユク・ハーンの即位式に参加している。

どの毛皮の取り立てに熱心だった。そのため、毛皮資源が減少していたロシアだけでは、旺盛な需要に応えられなくなる。そこでロシア人は、なだらかなウラル山脈*を越えて西シベリアに「毛皮の道」を延ばし、シベリア産のクロテン、シロテン、リスなどの毛皮を供給するようになった。

フビライ・ハーン（在位一二六〇年～一二九四年）に十数年間役人として仕えたヴェネツィア商人のマルコ・ポーロ（一二五四年生～一三二四年没）は、『東方見聞録』でロシアについて、「この土地では商取引は行われない。けれども有数な最良種の毛皮、黒貂《クロテン》、リス、狐などの毛皮の大量な産地である」と述べている。ロシアの毛皮は、奢侈品としてユーラシアにその名を轟かしていたのである。キプチャク・ハーン国は、ヴォルガ川経由でウラル山脈の東で得られたシベリアの毛皮を中央アジアに運んだだけではなく、ヨーロッパ・ロシア経由で、バルト海、中部ヨーロッパの市場にも流した。

マルコ・ポーロの『東方見聞録』は、北方の「カンチ」というタルタル（モンゴル）人の王について、「この王は、都会も町ももたない。住民はいつも野外に住み、平野や、山や谷を移動して暮らしている。彼らは、その家畜の肉やミルクで生活し、穀物というものは取らない」と記した後、この王が所有するどんな馬でも行くことができない氷と泥とぬかるみの国について、「その広さは四〇頭のロバ位のイヌが引くソリで十三日の行程に当たる」と記している。

マルコはそこで行われる毛皮猟について、「ところでこの十三日間の行程に拡がる、山と谷

＊ウラル山脈　ヨーロッパとアジアの境界線となる南北約2500キロの山脈。標高は900～1200メートル。

のこの地域に住む住民は、腕のいい狩人である。彼らは黒貂、貂、リス、黒狐、その他の高価な毛皮のとれる動物を捕らえ、そこから非常な収益をあげている。彼らはある種のワナを作り、それにかかったら、どんな動物も逃げられない」と述べている。「カンチ」という王が、狩猟民を支配し毛皮交易で大きな収益をあげていたことが明らかになる。

それだけではない。「暗黒の地の話」の条では、先に述べたカンチ王の支配地の先に「暗黒の地」があってロシアと境域を接していると記す。そして、「これらの住民は、まことに高価な、大量の毛皮を持っている。そこにはクロテンの毛皮があり、またテンの毛皮、リスの毛皮、黒狐、その他もろもろの、さらに高価な毛皮を持っている。彼らは皆狩人であり、たくさんの毛皮を集めるが、それは実にすばらしいものである。この地方、国境の明るい地方に住んでいる住民は、これらの毛皮を皆買い取る。『暗黒』の国の住民たちはあかるい国へ毛皮を持ち込み、それをそこで売りさばくのである。そして事実、これを買った商人は、その取引で驚くほど莫大な収益を得ているのである」と記している。暗い森林に覆われた「暗黒の地」で得られたクロテンなどの高価な毛皮が国境地帯の「明るい地方」で売買され、毛皮商人が莫大な利益を得ているというのである。

この「暗黒の地」はシベリアを指し、「明るい地方」はロシアの周辺地域を指すのであろう。こうした記述から、モンゴル人がロシアを征服した時代に、シベリア西部が高価な毛皮の猟場として新たに開拓されていたことが理解できる。モンゴル商圏の旺盛な毛皮需要がネットワークを延ばし、シベリアの門戸を開いたのである。

ユーラシアの東西に販路を拡げたクロテンの毛皮

モンゴル帝国の支配層は、クロテンなどの高価な毛皮を大層愛好した。マルコ・ポーロの『東方見聞録』は、大ハーンが使っていたテントの豪華さを、以下のように記している。

（テントの）内部はエゾイタチや黒貂の毛皮で張りめぐらされている。この毛皮はまことに美しく、りっぱで高価なものである。黒貂の毛皮は、一人分のマントにたっぷり使うと、上質のものでビザンチン金貨二〇〇〇ベザント*、普通のものでビザンチン金貨一〇〇〇ベザントはする。タルタル人は毛皮の女王だといっている。この動物はイタチくらいの大きさである。大ハーンのこの二つの広間にはこれらの毛皮が張りめぐらされているが、まことに驚くほど巧みに仕上げられている。

モンゴル人が優れた毛皮文化を持ち、クロテンの毛皮をステータスを誇示するために贅沢に使っていたことが明らかになる。

奢侈品としての毛皮が高価な値段で取引されたことは、モンゴル帝国の支配が及ばなかったインドでも同様だった。マルコ・ポーロと並び称されるモロッコの大旅行家イブン・バトゥー

＊ベザント　ヴェネツィアでは、本来エジプトのディナール金貨を指していた。

タ（一三〇四年生～一三六八あるいは六九年没）は、その著『三大陸周遊記』で、インドではクロテンのマントが四〇〇ディナール*以上、シロテンのマントは一〇〇ディナール以上もしていると、余りに高価な値段で取引されていることに驚嘆している。

イスラームの歴史家イブン・アル・アシール（一一六〇年生～一二三四年没）は、十三世紀初頭までモンゴル人が支配する黒海北岸クリミア半島東岸のスダク（ソルダイア）が毛皮の一大集散地だったことを指摘する。黒海北岸に集められた毛皮は、地中海経由でルネサンス期のイタリア諸都市にも運ばれた。「農業革命」により富を蓄積したヨーロッパでも、クロテンの需要が増大していたのである。

イタリア商人の毛皮交易

十四世紀、フィレンツェのバルディ商会はコンスタンティノープルからイギリスに至る広大な地域に支店網を張り巡らすヨーロッパでも屈指の商社だった。一三四〇年頃にバルディ商会*の社員ペゴロッティは、序文、市場案内、商業知識からなる『商業指南』という有名な交易の手引き書を著した。同書には、北欧から中央アジアにまたがる五十三の市場の琥珀、毛織物、毛皮、生糸、胡椒、宝石、真珠などの主要な商品の外、通貨、度量衡、税などについて細かく記されている。

同書には黒海の北岸、アゾフ海に注ぐドン川の河口に建てられたジェノヴァの植民市ターナ

＊ディナール　七世紀末ウマイヤ朝で最初に打刻された金貨。イスラーム帝国では銀貨ディルハームと共に用いられた。金と銀の換算率は時代によって異なるが、1対20～30。　＊バルディ商会　百年戦争（1339年～1453年）に際し、イギリスへの貸付に失敗して倒産。フィレンツェでは、その後にメディチ家が台頭する。

についての記述があり、「キツネ、クロテン、ニオイネコ、テン、狼皮、シカ皮は単品で売買され、リス皮（一〇二〇枚が一〇〇〇枚分）や白テンの生皮は一〇〇〇枚単位で取引された」と記されている。

その記述から高価な毛皮は単品で、安価な毛皮は一〇〇〇枚単位で取引されたことが分かる。イタリア商人も、ターナで黒海経由のロシアの毛皮商戦に加わっていたのである。

毛皮が南・北両方向からヨーロッパに流れたことについて、中央アジア史の研究者、松田寿雄氏は、「毛皮の道」が、「ウラル山脈を中心において東西にY字形を描いてヨーロッパに結ばれていた」と記している。Y字形の「クロテンの道」の先には、言うまでもなくバルト海のハンザ都市と地中海のイタリア諸都市だった。十一世紀から十二世紀の「農業革命」と大開墾運動で西欧の森が大規模に消失し、テン、リスなどの毛皮獣が減少したこともあってロシアからの毛皮の輸入が増加したのである。

2　コサックによるシベリア征服

モンゴル帝国の崩壊とモスクワ大公国の成立

モンゴル帝国が崩壊すると、モスクワを中心にルーシの勢力が再結集された。ヴォルガ水系の水源近くに位置するモスクワは、かつてはキエフ公国に従属する小都市に過ぎなかったが、キプチャク・ハーン国の下でモンゴル人に忠誠を尽しながら力を蓄え、やがてモンゴル勢力からロシアを解放し、ルーシ再建の中心勢力になる。モスクワは、ロシアの河川交易の中心に位置するという地理的条件をフルに活かしたのである。

モスクワ大公国（十四世紀～十六世紀）を建てたイヴァン三世（在位一四六二年～一五〇五年）はルーシの後継勢力であることを自認し、在位中に買収や征服で領土を四倍に拡大することに成功。一四五三年、トルコ人のオスマン帝国がビザンツ帝国を倒すとビザンツ帝国の後継国家を名乗り、ギリシア正教の権威を利用しながら勢力を伸ばした。

最初に「ツァー（皇帝）」を称したイヴァン四世（雷帝、在位一五三三年～一五八四年）は、一五五二年、ヴォルガ川流域の統一に成功する。イヴァン四世は、かつての「偉大なるルーシ」の権威の継承者を自認し、「ルーシ」つまりロシアを国号として採用した。

ロシア皇帝は、帝国の大主教にギリシア正教の「教長」の地位を引き継がせ、ビザンツ帝国の権威を政治的に利用した。キプチャク・ハーン国以前にロシアの地を支配していたルーシの権威を引き継ぐだけではなく、ビザンツ帝国の皇帝（ツァー）の称号、ギリシア正教を利用して支配を補強したのである。

イヴァン雷帝の肖像

モンゴル帝国の時代が終わり、毛皮交易の拠点のヴォルガ川河口の都市サライが衰えると、毛皮はモスクワ大公国を経由して成長著しいヨーロッパに流れるようになった。毛皮交易の流れが、西向きに変わるのである。大航海時代以降にヨーロッパが富裕化するにつれ、ヨーロッパの毛皮需要も旺盛になっていく。十五世紀、フランスのシャルル八世（在位一四八三年〜一四九八年）の王妃アンヌは、結婚式の際にクロテンの毛皮一六〇〇枚で作った豪華なガウンを身にまとったとされている。

「北東航路」の探検がロシアに与えた影響

寒冷地に位置するモスクワ大公国は、毛皮の輸出により経済力を強めるしかなかった。一五八一年から一六四九年にかけて、後に述べるように、現ロシアの面積の七五パーセントを占める、毛皮の宝庫シベリアの森林地帯がフロンティアとして征服されていく。ちなみにシベリアのタイガの面積はアマゾンの熱帯雨林よりもはるかに広い。

大航海時代以降、西欧の毛皮需要が伸び、オスマン帝国、ペルシアのサファヴィー朝、清帝国の旺盛な毛皮需要もあって、シベリアの征服が必要になった。シベリア征服が進行中の十七世紀初頭にロシアが狩猟民からヤサーク（毛皮税）として集めた毛皮は、年に合計六万枚以上にも及んだとされる。当時のロシアの毛皮収入は国庫収入の約一割を占めたとも言われ、ロシア皇帝は毛皮商人の頭目と言ってもよい存在だった。

シベリア征服を終えた十八世紀初頭になると、ロシアの毛皮収入は征服以前の約六十五倍に伸び、シベリアはロシア王室の主要な収入源になった。ヨーロッパからの銃の買い入れにより狩猟の効率が上がったことも、毛皮の増産をうながした。シベリアで獲得された大量の毛皮が、寒冷なヨーロッパの人々に暖を与えたのである。

十六世紀の中頃以降、北極海への入口に位置するロシアにも、「海の時代」に転換したヨーロッパの波動が及んだ。ポルトガル・スペインがモンスーン海域の航路を支配し、南の喜望峰、ホーン岬をおさえたのに対して、後発のイギリス、オランダ、フランスなどが、北欧から北極海を通って最短距離でアジアに航行できる「北東航路」の開発の可能性に賭けたからである。かつての「バイキングの海」を、直接太平洋につなげようとする試みである。「北東航路」の入り口のロシア近海も時代の波にさらされることになる。氷と雪に閉ざされた北極海だが、夏には航海が可能になるはずという考えの下で、探検航海が繰り返された。

一四九二年のコロンブスの大西洋の横断の五年後、イギリス国王の保護下にアジアに向けて北西に航海し、ニューファンドランド島・ラブラドールに至ったジョバンニ・カボート*（ジョン・カボット）の航海は、イギリスが北アメリカの先占権を主張する際の口実になった（一〇三～五頁参照）。その息子のセバスチャン・カボット（一四七四年頃生～一五五七年没）も有名な航海士で、スカンジナビア半島の沖を通り北極海からロシアに至る航路、中国への「北東航路」の開拓を目論む冒険商人たちの会社（新しい土地への冒険商人会社）設立の中心人物だった。

＊ジョバンニ・カボート　(1450年頃生～1498年没)、ジェノヴァ生れのユダヤ人で、ヴェネツィアで活躍した航海士。イギリスに移住し、バイキングの航路をたどって北米に至った。

一五五三年、同社はヒュー・ウィロビーの指揮下に、アジアへの航路の開発を目指して三隻の船を北極海に派遣した。しかし、激しい嵐で船団は散り散りになり、指揮官ウィロビーはラップランド*北部で氷に閉ざされて命を落とした。それに対して副官のリチャード・チャンセラー（一五二一年頃生～一五五六年没）が率いる一六〇トンのエドワード・ボナヴェンチャー号は、危うく危機を脱してスカンジナビア半島の東北の付け根に位置する白海の北ドヴィナ川河口にたどり着いた。

氷に閉ざされた北極海を航海して中国に至る「北東航路」は、今でこそ地球温暖化により北極海の氷が融ける夏の二・三カ月間の航行が可能になっているが、地球の寒冷期に当る当時は可能性が閉ざされていた。しかしチャンセラーの航海の後、イギリス人の手で白海*航路は維持され、ロシア北西部で白海に注ぐ北ドヴィナ川河口付近のアルハンゲリスク（当時はノヴォ・ホルモゴルイ）が、ロシアからヨーロッパに向けての毛皮の積み出し港になった。

海路でヨーロッパに毛皮を直接輸出することを目論んだイヴァン四世は、エドワード・ボナヴェンチャー号の船長チャンセラーをはじめとする乗組員をモスクワに招いて歓待し、イギリス商品に対する関税の免除、イギリス商人の国内の自由旅行権を認めるなどの優遇措置をとった。ヨーロッパとロシアを結ぶ「毛皮のハイウエー」の開通である。毛皮輸出の拡大を目ざすイヴァン四世は一五五五年、イギリス最初の勅許会社として設立されたモスクワ会社*（モスクワ大公国会社）に、ロシア貿易を独占する特権を与えた。チャンセラーは一五五五年に再度、ロ

＊ラップランド　スカンジナビア半島からロシア北西部のコラ半島に至る地域。　**＊白海**　ロシア北西部のコラ半島の南に位置し、北極海に開けている海。南東岸には国際交易港アルハンゲリスクがある。　**＊モスクワ会社**　モスクワ大公国との貿易を独占したイギリス初の勅許会社。

シアから中国への航路の開発を目指したが果たせず、翌年イギリスへの帰国の際に船が難破して命を落とした。モスクワ会社はその後毎年船をロシアに派遣し、アルハンゲリスクで大量の毛皮を買い付けた。一五七八年以降、オランダ商人も毛皮交易に参入する。十六世紀から十七世紀になると、夏の短い期間にアルハンゲリスクからシベリアのエニセイ川の河口に至る北極海航路も拓かれ、シベリアの毛皮が海路アルハンゲリスクに運ばれるようになった。

毛皮輸送の白海航路は、十八世紀初頭にピョートル一世によりフィンランド湾に注ぐネヴァ川河口に新都サンクトペテルブルクが建設されるまでの約一五〇年間、ロシア・ヨーロッパ間の唯一の航路となった。ロシアとシベリアの「毛皮の道」が、アルハンゲリスクから海路ロンドンまで延長されたことになる。ヨーロッパの毛皮市場が成長すると、クロテン、テンなどの高価な毛皮獣は不足するようになり、シベリアでの毛皮の調達が必要になった。シベリアの大森林地帯の征服が本格的に始められることになる。

ヨーロッパ・ロシアとシベリアの地理的類似性

シベリアの征服は、新たなネットワークづくりを伴なった。ここで新たな毛皮交易のフロンティアとなるシベリアの征服の過程を概観することになるが、普段あまり関わりのない地域なので、地理的特色と征服の過程をできるだけ簡略に記すことにする。

ロシアの国土の大部分を占めるシベリアは、ウラル山脈から太平洋に至る東西約五〇〇〇キロ、南北約二五〇〇キロ、面積一二八〇万平方キロ（日本の約三三・七倍）の大空間である。ユーラシア大陸の面積が約五四九二万平方キロなのでシベリアはその約二三パーセントを占める。ヨーロッパ全体の面積がユーラシアの一八・五パーセントなので、シベリアの方がヨーロッパよりも幾分広いことになる。
シベリアは北のツンドラ（永久凍土）、南のタイガの二大地域に分けられるが、全体として東高西低、南高北低という地理的特色をもっており、大河は概ね南の山岳地帯から北極海に向かって流れる。地域的には、(1)西シベリア低地、(2)中央シベリア、(3)東シベリア山地、(4)西シベリア山地、に大別されている。

ロシアの毛皮商人は、堅い針葉の樹林帯で生物の繁殖が乏しい常緑針葉樹の「暗いタイガ」をさけ、タイガ南縁部の毛皮動物が多数棲息する落葉針葉樹カラマツが中心の「明るいタイガ」の川筋をつないで、シベリア征服を進めた。そうした毛皮獲得を目的とするシベリア征服の尖兵になったのが、かつてのモンゴル人のロシア支配を助けたトルコ系遊牧民の末裔のコサック（カザーク）だった。遊牧民の末裔が、かつてヨーロッパ・ロシアを征服したスウェーデン系バイキングに代わり、シベリア征服の担い手になったのである。バイキングは商人だったが、コサックは毛皮交易の総元締めたるロシア皇帝の傭兵だった。シベリアはロシア帝国の国内植民地として、軍事征服されていくのである。

一五八一年、ドン・コサック*の頭目イェルマーク（?年生〜一五八五年没）がウラル山脈を越

＊ドン・コサック　16世紀にウクライナ中南部のコサックの一部がドン川の下流に移住してつくった軍事共同体。コサック軍の中で最古の軍の一つであった。

えてシベリア征服に着手してから、一六四九年、オホーツク海に流れ込むオホータ川の河口に冬営地が建設されるまでのわずか六十八年間で、シベリア征服は完了した。

シベリアでは、オビ川、エニセイ川などの大河をはじめ、数百の中小河川が南から北に向って北極海に流れ込み、上流では何万という支流が互いに網の目状に結び付いていた。コサックは夏の間に川筋に沿って航行して川と川をつなぐルートを作り、川がつながらない所では「連水陸路」を拓いて軽量の船を担いで移動することで、川のネットワークを築いた。一般的には、冬の間は船を引き上げて冬営がなされたが、吹雪の危険を顧みなければ凍結した川を移動することも可能だった。

ほぼ同緯度のヨーロッパ・ロシアとシベリアの植生は共通しており、シベリアに「川の道」のネットワークを作ることは比較的容易だった。川筋の要所に要塞が築かれ、それを核に川に沿ってネットワークが延ばされたが、手間がかかる道路の建設は大幅に遅れた。十八世紀の中頃になって、やっとシベリアに街道ができて駅逓が整えられている。それは、北海道の開拓でも同じことだった。開拓はまず川筋に沿って進められたのである。

ロシア膨張の尖兵になったコサック

モンゴル帝国が崩壊した後、かつてロシア人を支配したトルコ系の人々を中心にウクライナ・南ロシアの辺境地帯で自立したコサックという騎馬集団が形成された。武力に優れたコサックは、ロシア帝国にとってはいつ反乱を起こすか分からない、危険な勢力だった。ロシア社会を揺るがした十七世紀のステンカ・ラージンの乱、十八世紀のプガチョフの反乱というような大反乱は、いずれもコサックの指導下に起こされている。

そうしたこともあってロシア帝国は、十七世紀にはシベリアの狩猟・採集民の征服、十九世紀には中央アジアのイスラーム世界の征服にコサックを動員した。コサックのエネルギーを、周辺への膨張に利用したのである。

一五五二年、イヴァン四世は一五万の軍隊を率いてヴォルガ川中流域の要塞都市カザンを陥落させ、オスマン帝国の手が伸びようとしていたカザン・ハーン国*（一四三八年～一五五二年）を併合した。四年後には、ヴォルガ川がカスピ海に注ぐ河口部を支配するアストラハン・ハーン国をも倒す。このようにキプチャク・ハーン国の分裂後に独立したモンゴル系の二つのハーン国を倒すことで、モスクワ大公国はヴォルガ川流域を統合する。

ヴォルガ川流域からウラル山脈に至る大領域がモスクワ大公国の支配下に入ると、カザン、アストラハン経由でクロテンなどの毛皮が大量にモスクワに流れ込むことになった。

一五五五年、カザン・ハーン国の併合を祝って西シベリアを支配するシビル・ハーン国の使節がモスクワを訪れ、イヴァン三世を「シベリア全土の王」と仰いで、領土の保全の保障を求めた。

シビル・ハーン国は、強大化するロシアとの共存の道を模索したのである。シビル・ハーン

＊カザン・ハーン国　キプチャク・ハーン国の滅亡後、ヴォルガ川中流域に建国されたトルコ系のイスラーム王朝。

の申し出は、一年間にシビル・ハーン国がクロテンの毛皮一〇〇〇枚、リスの毛皮一〇〇〇枚を納めることを条件に認められた。その際にシビル・ハーン国の使節は、シベリアの人口を三万七〇〇〇人とイヴァン三世に報告している。それが、正確な数ではなく、おおよその数字であることは言うまでもない。しかし、その数字から、シベリアの狩猟民が圧倒的に少なかったことが理解される。

辺境の実力者ストロガノフ

モスクワ大公国のシベリア進出のきっかけをつくったのが、ウラル山脈と接する辺境の地で勢力を振るっていた開発領主ストロガノフ家だった。ストロガノフ家は、ロシア辺境の開発、製塩業、毛皮取引などで財をなした新興勢力であり、「毛皮の宝庫」シベリアにも並々ならぬ野心を抱いていた。

ちなみにストロガノフ家の当主は、ロシア料理を代表する「ビーフ・ストロガノフ」で有名である。その起源には諸説があるが、ある夜空腹を覚えたストロガノフの当主が、寝込んでしまった料理人にかわり牛肉と野菜を牛乳とサワークリームで煮込んで即席の料理を作ったが、それが意外に美味で家伝の料理になったという。しかしビーフは、ロシア語の「ヘフ」で、「……流」の意味であるとする説もある。

ストロガノフ一族は、もともとは北ドヴィナ川支流の塩湖で製塩業に従事した。十六世紀前半、イギリスから取り入れた新しい製塩法で財を増やし、グリゴリー・ストロガノフ（?·年生～一五七六年没）が当主となった時期には広大な地域の開拓権を獲得し、特権商人に上り詰めた。ストロガノフ一族の広大な領地は、ロシアとシベリアへの入り口のウラル山脈を結ぶ幹線ルートを含んでいた。

皇帝はストロガノフ家に対して、モンゴル系タタール人の支配下にあった辺境の地の開発を進める代りに、二十年間にわたる納税と関税の支払いの免除、新たな町の建設、町の防御のために砲手・哨兵をもつことなどを許可した。十六世紀後半、ストロガノフは一つの町、三九の集落、五〇〇人から七〇〇〇人の開拓民を支配するに至ったとされる。成功を収めたストロガノフは多角経営に転じ、シベリアでの毛皮交易にも食指を動かした。シベリアに進出するには、先ず入り口に当たるウラル山脈の周辺を支配するシビル・ハーン国の征服が必要になる。ちなみにシベリアという地名は、シビル・ハーン国の「シビル」に由来する。

シベリア征服の基盤を築いたイェルマーク

一五七四年、イヴァン四世は、ストロガノフに武装兵力を持つこと、シビル・ハーン国と戦うための砦を築くことを許可した。ちょうどその時期に登場するのがコサックの首領（アタマン）イェルマークである。ちなみにイェルマークは「竈《かめ》」の意味で、もともとはあだ名だった。イェルマークは若い頃に、ヴォルガ川を往来する船の調理人として始終竈のそばで働いていたことから、そのように呼ばれるようになったという。本名は、記録に残されていない。

イェルマークはやがてドン川流域のコサックに身を投じ、騎馬軍団を率いて「草原の道」の商人団を襲うことで名をあげ、頭目に選ばれた。

しかしやがて政府軍の追撃を受けるようになり、イェルマークの一団は追っ手を逃れてカマ川上流のストロガノフの領地に入り込み傭兵となった。ストロガノフはイェルマークに、大砲三門、銃、火薬、被服、食糧などを与える代わりに、シビル・ハーン国の征服を求めた。シビル・ハーン国の軍がストロガノフの開墾地を荒らし回っており、領地防衛の意味合いもあった。

イェルマークのシビル・ハーン国との戦いの話は伝説的色合いが強く、遠征参加者も、五四〇人説、八四〇人説、一六五〇人説、五〇〇〇人説などあり、はっきりとしない。

イェルマークの肖像

イェルマークはストロガノフ家から道案内、通訳としてのイスラーム教徒を与えられ、一五八〇年五月、シビル・ハーン国への遠征を開始した。一五八一年、彼はシビル・ハーン国の都シビリ（イスケル）の征服に成功する。イェルマークは征服したすべての土地を皇帝イヴァン四世に献上。その結果として、シベリアの入り口の広大な土地が、皇帝領に組み込まれることになった。

イェルマークとストロガノフは、皇帝にクロテンの毛皮二四〇〇枚、黒キツネの毛皮二〇枚、ビーバーの毛皮五〇枚を献上する。皇帝は高価な毛皮とシベリアの門戸が開かれたことで大変に上機嫌になり、手配中のイェルマークの罪を許すとともに黄金・織物を与え、ストロガノフ家の免税特権を拡大した。イヴァン四世は身につけていた黄金の甲冑、毛皮の外套を使者に託してイェルマークに与え、「シベリア公」と名乗ることを許したという。

その後、皇帝は五〇〇人の兵士をシビル地方に配備したが、やがてタタール人の反撃が始まる。イェルマークは、オビ川支流の中洲での野営中に夜襲を受け、一五八五年、約三〇〇人の部下と共に殺害された。一説によると、イェルマークは身に付けていたイヴァン四世からの下賜品の金の甲冑が重かったために川にはまり、溺死したとされる。奇襲により命を落としたものの、小銃、大砲などのイェルマークの武器は、タタール人を圧倒していた。ロシアにおいても大砲・鉄砲の出現で、遊牧民の時代は終わりの時期を迎えていたのである。

一五九八年、ロシア軍はシビル・ハーン国を最終的に滅ぼし、一五八六年にイェルマークが要塞（クレムリン）を築いたトボリスクが、ロシアのシベリアにおける最初の拠点になった。ヨーロッパ・ロシアとシベリアを遮る障壁が崩れ去り、毛皮税（ヤサーク、毛皮で支払う人頭税）として集められたシベリア産の大量のクロテンなどの毛皮がロシアの国庫を潤す時代がやって来ることになる。

トボリスクが建設された西シベリア低地の南部は、現在チュメニ州になっているが、州の紋章は向き合って帝冠を支える二匹のクロテンである。フョードル一世（在位一五八四年～一五九八年）の時代の国庫収入の実に三分の一は、毛皮交易から得られた。シベリアの毛皮が、ロシアの富裕化を助けたのである。

トボリスクから西シベリア低地を流れる大河オビ川までの距離は、約一二〇〇キロである。オビ川流域へはウラル山脈を越えなければならなかったが、ウラル山脈は平均高度が六六〇メートルのなだらかな山脈で馬に乗ってでも越えることができた。シベリア征服に着手するのは、比較的容易だったのである。

3　シベリア征服と一挙に拡大した毛皮交易

樹海を貫く川と要塞の建設

一六〇四年、皇帝ボリス・ゴドノフ*がコサックに命じてオビ川の上流に要塞トムスクを築かせたことで、本格的なシベリア征服が始まった。日本で、江戸幕府が開かれたころのことである。

以後コサックは、コチ船という長さ一七メートルから一九メートル、幅四メートルから五メートル、三〇人から五〇人乗りの底の浅い帆船によりシベリアの諸河川沿いに征服を進めた。河川交通の要衝、あるいは戦略的要衝に砦、要塞町を建設しながら、広大なシベリア南部の混

＊ボリス・ゴドノフ　（在位1598年～1605年）、身分の低い貴族としてイヴァン四世に仕え、四世の死後皇帝となる。先祖はタタール人とされる。

交樹林帯に沿って「クロテンの道」を延ばしたのである。コサックは、各人が上納するクロテンの毛皮の枚数をロシア政府と契約しており、それ以上の毛皮は自からの収入となった。

彼らが川の分岐点などの要地に築いた要塞は、丸太の防御柵で周辺を囲まれ、柵の中には教会、役人の住居、兵営、監獄が、柵の外には商人の住まい、倉庫が建てられていた。新設の町には多数の毛皮猟師が住み着き、クロテンなどの良質の毛皮を手に入れるために周囲の原生林に分け入った。

役人は先住民の集落を巡回して帝国の臣民であることを名目にヤサーク（毛皮税）を取り立て、商人は、粗末な商品と引き換えに先住民から毛皮を手に入れた。各地に建設された要塞が、毛皮交易ネットワークの「核」になったのである。

要塞に集められたクロテン、シロテン（アーミン）、北極ギツネなどの毛皮は、モスクワに集められて皇帝、貴族、大商人の懐を大いに潤した。ロシアはまさに毛皮に依存する国家であり、皇帝自身が毛皮交易の大元締めだった。先に述べたように十六世紀末の帝室財政の三分の一は、森林地帯の毛皮に依存していたのである。

毛皮に群がったのは、庶民も同様である。庶民にとってクロテンは、まさに人生を変えてくれる「柔らかな黄金」そのものだった。皇帝、大商人は毛皮獣の捕獲、販売を独占しようとしたが、一獲千金を目指す庶民の行動はそれよりも素早かった。彼らは、まさに猟師の嗅覚で豊かな猟場を探り当てたのである。豊かな猟場を見つけさえすれば、一回の猟期だけで一生楽に暮らせる位の収入が残せた。征服とともに、シベリア各地で「毛皮ラッシュ」が起こる。

毛皮への欲望がパワーになって、シベリア征服は加速度的に進んだ。それは、スペイン人が「黄金郷（エル・ドラード）*」を求めて、南アメリカを瞬く間に征服したのに類似している。スペイン人が南の熱帯雨林で「固い金」を求めたのに対し、ロシア人は北の森で「柔らかい金」を求めたのである。まさに「クロテンはロシアに地球を半周させた」（佐々木史郎『北方から来た交易民』）のである。

六十八年間で達成されたシベリアの征服

先に述べたようにロシア人は、わずかに六十八年間でロシアの領土の七五パーセントを占めるシベリアを征服し、シベリアとつながる毛皮交易のネットワークをつくりあげた。クロテンがシベリア、あるいはシベリアの枢要な都市のシンボルにされていることでも分かるように、高価な毛皮への欲望が征服とネットワークづくりを加速化させたのである。

シベリアの征服が開始されるのが一五八一年だが、一六四八年になるとユーラシア大陸の東の外れに位置するチュコチ半島までが征服された。

一六四九年、コサックは遠征の方向を変えてオホーツク海に至り、海岸にオホーツク要塞が建設された。ヨーロッパを凌ぐほど広大なシベリアを、一獲千金を狙う欲望がわずか六八年で征服してしまったのである。シベリア征服後一一〇年がたった一七六四年、女帝エカテリーナ

＊エル・ドラード　南米コロンビアのボゴダ付近の首長が、大量の金を所有し、毎日金粉で身を飾るという言い伝えから始った黄金郷伝説。

二世（在位一七六二年〜一七九六年）はシベリア王国（シビルスコエ・ツアールストボ）を建て、シベリアを正式にロシア帝国の内陸植民地にした。その際に、双頭の鷲ではなく双頭のクロテンが、シベリア王国の国章として採用されている。

シベリアはロシアと同様に平原性が強く、オビ川、エニセイ川、レナ川の諸水系の流域面積は広大だったが、川沿いにネットワークを広げることが可能であり、一つの水系から他の水系への移動は、船を担いで行なわれた。船を担ぎ川から川へ移動するために建設された道路（ロシア語で「ヴォロク（連水陸路）」）は、バイキングがロシアの河川を結び付けた道路と同じだった。連水陸路としては、オビ川水系とエニセイ川水系を結ぶ「マコフスキー連水陸路」、エニセイ川水系とレナ川水系を結ぶ「レンスキー連水陸路」、レナ川水系とアムール川水系を結ぶ「トゥギル連水陸路」などが有名だが、実際には多くの無名の連水陸路が組み合わされてシベリアの長大な「クロテンの道」がつくりあげられたのである。

エネルギー源となった「柔らかい黄金」への欲望

ロシアの官吏は先住民にロシア臣民の地位を押し付けて皇帝への服従を強要し、臣民の義務として首長に「ヤサーク」という毛皮税の納付を義務づけた。官吏は、毛皮税の徴収を担保するために首長ないしはその家族を人質として砦に拘束し、毛皮の確保に努めた。ちなみにヤサークとは、十五歳以上の男子に課した一定数のクロテンの毛皮（地域によって異なり、一枚から一二枚）または同等の価値のある毛皮を一年毎に納める税だった。

一五八五年から一六八〇年までの約一〇〇年間に、シベリアで捕獲されたクロテンなどの値の張る毛皮は毎年約一万枚に達し、多いときには一〇万枚に及ぶこともあった。ロシアは、「大航海時代」の富裕化したヨーロッパ、オスマン帝国、ペルシアなどにクロテン、シロテンなどの高価な毛皮を輸出し、貴金属、武器、織物、胡椒、乾燥果物などを輸入した。「ヤサーク」による毛皮の取り立てと地方役人の横暴な支配は、当然のことながら各地の狩猟民の抵抗を呼び起こした。それに対して、ロシア人は「懲罰」行動を繰り返して狩猟民を抑圧し、首謀者を捕らえて絞首刑に処した。

一六一八年、エニセイ川の上流にエニセイスク*が建設された。エニセイスクは、以後東シベリアへの玄関口として大きな役割を果たした。ロシア人の、東シベリアへの進撃が始まるのである。一六二八年、さらに上流にクラースヌイ・ヤール（「赤い岸壁」の意味）が、毛皮獲得の前線の要塞として建設された。クラースヌイ・ヤールは、現在クラスノヤルスクと呼ばれ、シベリア第三の都市になっている。

一六五二年、バイカル湖を水源としエニセイ川に流れ込む長大な支流アンガラ川の河畔に、シベリア東部の要衝イルクーツクが建設された。イルクーツクは、対清貿易の拠点、ソグド地方のタシケントとの貿易拠点となり、毛皮交易の中心に成長した。後に日本人の漂流民、大黒屋光太夫が滞在したことでも知られるイルクーツクの市の紋章は、獲物を銜《くわ》えるクロテンであ

＊エニセイスク　エニセイ川とアンガラ川の合流点付近に築かれた河港都市。

る。

一六二〇年代までに、西のウラル山脈から東のエニセイ川、北の北極海から南のアルタイ山脈までのモスクワ大公国の約二倍の面積を持つ西シベリアがロシアの領土となった。西シベリアでは農業移民も進められ、シベリアにおける食糧供給地になった。しかしながら、毛皮が豊富に得られる落葉広葉樹林の面積が限られていたこと、厳しいヤサーク（毛皮税）の取り立てがなされたことで、西シベリアのクロテンはたちまち枯渇。十七世紀末になると、先住民はヤサークの半分を金で支払うことが許されるようになった。

ついにオホーツクへ

ロシア人はツングース系諸族の激しい抵抗にあいながら、一六三二年、東シベリアを流れるレナ川の流域のヤクート人を征服。レナ川水系の中央部に、ヤクーツク*の砦を築いた。レナ川流域の草原が、ロシア人の新たな東方進出の拠点になる。

レナ川はロシア最大の大河であり、流域はバイカル湖付近からオホーツク付近にまで広がっていた。ヤクーツクこそが、シベリア東北部征服の拠点になった。ヤクーツクが建設されたことで、シベリアの三分の二まで征服が進んだのである。ヤクーツクの市章は、クロテンを掴むワシに定められた。勿論ワシは双頭のワシであり、ロシア皇帝を指す。ロシアが、東シベリアのクロテンをも確保したという意味である。

＊ヤクーツク　バイカル湖付近からオホーツク海付近まで東西に広がるレナ川水系中流の西岸に位置する河港都市。

しかし、十七世紀にモスクワからヤクーツクに至る旅は、船を使って一年以上もかかるという大旅行だった。冬の間は雪と氷で閉ざされたこともあって、往復には三、四年もかかったという。そのためロシア政府の命令は行き届かず、東シベリアは無法地帯といってよいような状態だった。一六三〇年代から七〇年代まで、中央シベリア高原はクロテンなどの毛皮の宝庫になったが、乱獲が祟って毛皮の枯渇は早かった。

ヤクーツクから東の山岳地帯を越えて約七六〇キロ進むと、オホーツク海である。一六三九年、コサックは遂にオホーツク海に達し、オホーツク（この地域の先住民ラムッの言葉で川を意味する「オカト」から名付けられた）要塞を建設した。それ以後オホーツクは二〇〇年間にわたり、ロシア人のアジアの海への進出拠点とされた。

一六四八年、毛皮猟師のセミョン・デジニョフ（一六〇五年頃生～一六七三年没）が陸路、東シベリアの北岸を探検し、シベリア東端の岬を巡った。しかし、彼のシベリアとアメリカの間の海峡を航海したという報告書は、長い間、地方の役所に埋もれ、中央政府の知るところとはならなかった。後述するベーリングによりベーリング海峡が発見される一〇〇年も前のことである。オランダ東インド会社のフリース（?年生～一六四七年没）がオホーツク海をカラフトまで霧の濃い海域を航海し、「北東航路」・「北西航路」の接点に位置する「アニアン海峡*」を探索し、千島列島のエトロフ島とウルップ島の間のエトロフ海峡が、ユーラシア大陸と北アメリカ大陸を分ける海峡であるとする誤った地図を作成した五年後のことでもある。しかしデジネフ

＊アニアン海峡　アジアとアメリカの間に位置するとされた想像上の海峡。十六世紀中頃、イタリアのガスタルディが最初に地図上に描いた。アニアンは、マルコ・ポーロの『東方見聞録』に登場する中国地名（雲南の阿寧州）に由来する。

自身は自分の航海の意味を認識せず、カムチャッカ半島が東に延びてアメリカ大陸に接していると考えていた。

クロテン毛皮の新たな得意先となった清の官僚

シベリアの森林に新たなネットワークが生み出されると、ユーラシアの半分を占める北の森林地帯を毛皮交易の大動脈が貫通することになった。ユーラシアの交易ネットワークに、ロシア、シベリアを中心とする北方の森林世界が組み込まれたのである。シベリアの毛皮の大消費地になったのが、繁栄著しい清だった。毛皮の大市場の出現である。

一六八九年に清の康熙帝《こうきてい》、ロシアのピョートル一世の使節が交渉し、黒竜江（アムール川）と外興安嶺（スタノヴォイ山脈）が両国の国境とされ、旅券を持つ商人が国境地帯で毛皮交易を行うことが許された。イルクーツクが、対清貿易の拠点となり、清の旺盛な毛皮需要に応じるために、シベリアの毛皮のかなりの部分が輸出された。「クロテンの道」はイルクーツク経由で清に延びたのである。

清ではクロテンは「紫貂《シテン》」と呼ばれ、他のテン（「黄貂」）と区別されて珍重された。明代の北京ではテンの皮で耳を暖める習慣があり、皇帝が臣下に貂皮を下賜した。女真人の毛皮商人がもたらすテンの毛皮に、明朝は毎年数万緡《ビン》を費やしたという。そうしたことを考えると、もともとは狩猟民だった毛皮の玄人、女真人が建国した清でテンの毛皮が重んじられたのは当然だった。清の宮廷で盛んに使われたのはクロテンの毛皮であり、高官の衣服の衿回り、袖、帽子などに利用された。そのためもあってクロテンの取引は役所が独占し、民間の取引は許されなかった。

一六八九年、ネルチンスク条約が締結されると、ロシアの毛皮と清の絹織物・キタイカ（綿織物）の取引が活発になった。貿易許可証を手にしたロシア商人は、ラクダのキャラバンを組織してネルチンスク*、チチハル*経由で北京に至った。内陸部のキャラバン交易は非常に不自由で、足掛け三年もの日数が必要だった。一六九八年のロシア側の貿易品の八五パーセントが毛皮であり、残りが皮革と雑貨だったという。一七〇六年になると、民間の商人による貿易は禁止され、役所の管理下に置かれた。

一七二八年、清との間のキャフタ*条約で国境を挟んだロシアのキャフタ、清の買売城（マイマイチェン）が両国の唯一の交易場に定められた。条約では、(1)ロシアの隊商は二〇〇人を越えてはならない、(2)三年に一度は北京に行くことができる、(3)交易場のキャフタでは柵で囲った市場でのみ交易し、他の場所で交易する者の商品は没収される、(4)清露両国から同数の官吏を任命し同数の将校に監督させる、(5)両国間の交通は旅券を持った者に限る、などと定められた。

一説では、一七六八年から八五年の時期には、ロシアから輸出された毛皮の八割強がキャフタで清に売りさばかれたとされる。清は、シベリアの毛皮の圧倒的な顧客だったのである。

＊ネルチンスク　バイカル湖の東方650キロに位置する、ロシアと清の国境の交易都市。　**＊チチハル**　清朝の東北部（満州）の政治の中心地。　**＊キャフタ**　外モンゴル、ロシア、清の三国の国境の都市。現在はロシアのブリヤート共和国の首都。

清との貿易が拡大するにつれて、イルクーツクの町も規模を拡大した。十八世紀初頭に八〇〇戸余りの小集落だったイルクーツクは、一七九一年になると、人口一万人を数えるようになり、トボリスクに次ぐシベリア第二の都市に成長した。一八二二年、シベリアが東西の二総督府に分けられると、イルクーツクに東シベリア総督府が置かれ、後にはアラスカ方面への進出の拠点、さらには清からアムール川流域を奪う動きの策源地になった。

イルクーツクには、多くの毛皮商人がヨーロッパ・ロシアの毛皮交易の中心地からの移住が進んだ。一七六〇年代の毛皮商人の数は一五〇〇人余りで、その多くがノヴゴロドの毛皮商人の流れを汲んでいたという。

4　蘇った「バイキングの海」

モンゴル帝国とユーラシア西部回廊海域の成長

マクロに世界史を見ると、ユーラシアの「草原の道」と「海の道」をつないだユーラシア規模の大商圏を短期間に成長させたモンゴル帝国は、南の大乾燥地帯と北の森林地帯の新たな結合関係を生み出した。

ロシアを支配下に組み込んだモンゴル帝国を仲立ちとして、バイキングの活動の場になっていたバルト海、北海、イギリス海峡は、大乾燥地帯の延長線上にある地中海との関係を深めることになる。つまり、モンゴル商圏と結び付いたバイキングの海と地中海が結合する回廊海域（ユーラシア西部回廊海域）が、世界史を牽引する経済海域として姿を現すのである。

ポルトガルのエンリケ航海王子によるアフリカ西岸の探検も、コロンブスの大西洋横断航海も、ジョバンニ・カボートのニューファンドランド島への航海もユーラシア西部回廊海域の成長がなければ実現不可能であった。モンゴルの大商圏が、大航海時代の前提条件になっているのである。

ユーラシア西部回廊海域といっても馴染みが薄いので、世界地図で確認してみると、ヨーロッパ西岸（ユーラシア西部回廊海域）は北から、

（一）スカンジナビア半島とユトランド半島に囲まれたバルト海
（二）ユトランド半島とブリテン島に挟まれ、南の底部にフランドル地方（現在のオランダ、ベルギー）が横たわる北海
（三）ブリテン島とフランスのノルマンディ地方・ブルターニュの間に横たわる長さ五六二キロの（東京・大阪間よりやや長い）イギリス海峡（最狭部がドーバー海峡）
（四）捕鯨漁民として北の海域で活躍したバスク人が生活するビスケー湾
（五）南部のリスボンを中心とするイベリア半島の大西洋沿海部

(六) 地中海

ということになる。
(一)、(二) は、かつてのバイキングの海であり、(三) では、バイキングの「二次的進出」の拠点となるノルマンディ公国が「ノルマンの征服」でイングランドを征服。海峡をまたぐ権力を樹立していたが、百年戦争でイギリス、フランスに分かれた。また、(四) のバスク人は、かつてのバイキングの海域での捕鯨*に従事しており、十四世紀にはニューファンドランド島、ラブラドール沖にまで捕鯨に赴いた。(五) ではレコンキスタというイスラーム教徒との長期に及ぶ抗争の中で、北部のポルトを中心としていたポルトガルが、第二回十字軍の助勢を得てリスボンのアラブ人の要塞(現在のサン・ジョルジュ要塞)を奪還。地中海の入り口に近いリスボンが新たな交易の拠点になっていた。

イタリア諸都市とハンザ同盟

先に述べたように、ヨーロッパ中世の「農業革命」、地中海の十字軍、レコンキスタにより、ヨーロッパの南北の海は目覚しい変貌を遂げていた。

地中海では、十字軍時代以降のイスラーム勢力の地中海中央部の諸島嶼からの後退が進んで、アマルフィー、ピサ、ヴェネツィア、ジェノヴァなどの海運都市が勃興していたが、チンギス・

＊バスク人の捕鯨　バスク人の捕鯨は、11世紀にバイキングから伝えられて、近海から大西洋北部のニューファンドランド島に及び、1560年代が最盛期だった。約4000人が捕鯨に従事していたと推測される。

ハーンがモンゴル高原に覇を唱える二年前の一二〇四年にヴェネツィアが操る第四回十字軍が、内紛状態にあったコンスタンティノープルを陥落させ、モンゴル商圏とつながる東地中海の交易がヴェネツィア、次いでジェノヴァの支配下に入った。その結果もたらされた交易の飛躍的拡大が、イタリア・ルネサンスの財源になった。ジェノヴァの年間交易収入は、一時期、フランス王室の歳入の三倍に及んだとされる。

バイキングの海域でも、先に述べたように北方十字軍、ドイツ騎士団による東方植民などで、バルト海南岸へのドイツ人の移住が進み、北海、バルト海でのドイツ商人の活動が一挙に強まった。毛皮、木材、穀物、毛織物、蜂蜜などが取引されたが、特にリューベックを中心とするドイツ商人の塩漬けニシンが、主力商品になった。ドイツ商人は、ニシンの塩漬けの販売で協力関係にあったリューベックとハンブルクの都市同盟を中心にハンザ同盟という軍事同盟を組織して、バルト海の交易権をバイキングから奪い取り、リューベック・ハンブルク間の陸路から北海の南岸沿いにポルトガルの塩田にまで航路を延ばした。

十四世紀にニシンがバルト海の入り口に産卵に訪れなくなると、それに代わって北海がニシンの中心的漁場になる。フランドル地方のオランダの漁民が北海での「流し網漁」で大量のニシンを捕獲し、船上で塩漬けを量産するようになり、ズンド海峡の航路を拓いたオランダが北海・バルト海交易の支配権を握った。つまり「バイキングの海」が、ハンザ同盟の海からオランダ商人の海へと姿を変えていくのである。

＊オランダ人のバルト海交易　オランダ人はリューベックを避けるために危険なズンド海峡を経てバルト海と直接交易するルートを拓いた。15世紀前半は、ハンザ同盟とオランダ商人の相互の掠奪が続いた。

ヨーロッパ海域の転換期に、モンゴル帝国の下で東西文明の交流が進み、それまでは直接結び付くことのなかった中国の文物がヨーロッパに広範に流入した。

なかでも宋の羅針盤の普及によりそれまでの陸上の目標物に頼る沿岸航法が沖合航法に変わり、陸地沿いの航海から太洋の航海への転換がなされることになる。

「長期の大航海時代」とオランダ・イギリス

モンゴル帝国が崩壊した後、東地中海でオスマン帝国が勢力を伸ばし、一四五三年にコンスタンティノープルを陥落させて地中海交易を支配すると、従来の地中海経済が危機的状況に陥った。

経済活動の場を奪われたジェノヴァなどのイタリア商人は、ユーラシア西部回廊海域に活路を求め、リスボンなどに居留地を設けてイベリア半島に進出した。そうしたこともあって、ポルトガルのリスボンが交易圏拡大のセンターとして成長を遂げる。エンリケ航海王子による西アフリカの沿岸の探検、アフリカの南端の喜望峰の発見、リスボンで活躍したジェノヴァ人コロンブスの、地球球体説という仮説に基づいた大西洋（当時はアジアに直結する海と考えられていた）横断航海、ポルトガル人のマゼランによる世界周航、というように大航海時代は進展した。

一見すると大航海時代にユーラシア西部回廊海域を主導したのはポルトガル、スペインのように見えるが、ユーラシアの「小さな世界史」から三つの大洋が五つの大陸を結び付ける「大きな世界史」への転換の担い手になったのは、実のところ北方世界の「バイキングの海」の歴史を継承し、北極海経由でアジアに至る航路を開発しようとしたオランダ、イギリスだった。

レコンキスタ*の中で誕生したポルトガル、スペインは中世の色合いが強く、新しい時代を主導できなかった。教皇の下に陸の論理にもとづいて、「海の世界」を二分割しようとしたトルデシリャス条約は、その典型例であり、イタリア都市の地中海交易のスタイルをそのままインド洋に引き写したポルトガルの「海の帝国」、スペインが新大陸で行ったスペインからの移住者にキリスト教化を条件に先住民の奴隷化を認めるエンコミエンダ（委託）制、セヴィーリャの通商院による特権商人の新大陸の交易の支配など、どれをとっても古臭かった。

それに対して、「公海の自由」・「自由貿易」を掲げて、私掠船、密貿易でスペイン、ポルトガルに対抗し、世界の海に食い込もうとしたのが、「バイキングの海」の系譜を引くオランダ、イギリスだった。それらの新興諸国はポルトガル・スペインが支配する海域に、北極海を利用した「北東航路」・「北西航路」により参入しようと試みる。北からの航路は短距離でアジアに到達できる有利な航路と考えられたのである。プランテーション経営、特許会社、大規模な植民活動、三角貿易などからなるユニークな「大西洋世界」は、十七・十八世紀にオランダ・イギリスなどにより形成されたのである。

そのために十七・十八世紀まで大航海時代を延長してとらえなければ、世界史のダイナミックな転換は明らかにならない。つまり、「長期の大航海時代」を想定せざるを得ないのである。

＊レコンキスタ　イベリア半島で718年から1492年まで展開された、イスラーム教徒から土地を取り戻すキリスト教国の活動。「レコンキスタ」はスペイン語で「再征服」の意味。

北海・イギリス海峡のオランダ人、イギリス人、フランス人などが、「大きな世界史」への転換を主導したといえる。

捕鯨で蘇る「バイキングの海」

イギリスのチャンセラーによる白海航路の開拓の後を継いで、オランダの航海士ウィレム・バレンツ（一五五〇年頃生〜一五九七年没）は、「北東航路」の開発を目指して一五九四年以降、三度の北極海への探検を行った。オランダ船が初めて喜望峰を越えてアジアに至ったのが一五九五年のことなので、その前年にオランダ人は北極海を経由してアジアに至る「北東航路」の探索に乗り出したことになる。

バレンツは三度目の航海で氷海に孤立し、命を落とした。「北東航路」が氷の海に先が閉ざされていることが改めて確認されたが、彼の三度目の航海は、北極圏のバレンツ海にスピッツベルゲン島を初めとする島々があり、その周辺が遊泳速度が遅く、多くの鯨油が得られるホッキョククジラの大漁場であることを明らかにした。

情報を得たオランダ、イギリス両国は、優れた捕鯨能力を持つバスク人を雇い入れ、武装した捕鯨船をその海域に派遣して利権争いを展開した。十七世紀初頭になると、両国の捕鯨の独占協定が成立する。一六三〇年代に入ると、スピッツベルゲン島周辺のホッキョククジラが減少し、クジラの漁場はグリーンランドの沖合いからノルウェー沖の北大西洋に広がった。かつてのバイキングの海が、「クジラの海」として蘇ったのである。

一六五〇年頃には、毎年二五〇隻以上の捕鯨船が北大西洋に赴き、毎年約一五〇〇頭ほどのホッキョククジラを捕獲して、イギリス、オランダは大きな利益を得た。

一六八〇年代になると、オランダが優位を確立してヨーロッパの鯨油市場を独占することになり、その利益はアジアの香辛料を凌駕《りょうが》するほどであったという。「北東航路」の入り口に位置する「バイキングの海」は、捕鯨で賑わい続けたのである。

しかし十九世紀になると、イギリス、アメリカの捕鯨船も加わって、北大西洋のクジラの乱獲が進み、大西洋の捕鯨は衰退期に入った。「北東航路」の探索は、一定の実利を伴ったのである。

第４章　大西洋を隔てたビーバー交易とアメリカ、カナダの誕生

１「北西航路」の探検とビーバー交易

世界史の中の「北東航路」・「北西航路」

大航海時代を主導したポルトガルとスペインは、赤道と中緯度海域のモンスーン（季節風）を利用して大西洋、インド洋、東南アジアに進出し、トルデシリャス条約（一四九四年）とサラゴサ条約（一五二九年）を締結することで、世界の海を分割・支配しようとした。アメリカ大陸の玄関口のカリブ海や喜望峰・マゼラン海峡などの航海上の要地でも両国はいち早く主導的地位を確保しており、北ヨーロッパの新興国は新航路によりモンスーン海域に進出することが必要になった。そのためにオランダ、イギリス、フランス、ロシアなどは、ユーラシア、北アメリカの北に位置する未知の北極海*での航路の開発に期待をつないだ。そうした航路開発の礎にな

＊北極海　ユーラシア（デンマーク、ノルウェー、ロシア）、北アメリカ（アラスカ、カナダ）の両大陸とグリーンランドに囲まれた約1400万平方キロ（日本海の約13.6倍）の海。

ったのが、「バイキングの海」である。

英国王ヘンリー八世に北方航路の開発を進言したセヴィーリャ在住のイギリス人商人ロバート・ソーン*は、一五二七年に、「スペインはインド諸国と西の海を発見し、ポルトガルもインド諸国と東の海を発見したが、まだひとつ発見すべき航路が残されている。それは北西航路である」と述べている。

つまり、ヨーロッパから東に航海して太平洋に至る「北東航路」と、大西洋から北極海を通って（あるいは未発見の北アメリカ大陸の水路を通って）太平洋に至る「北西航路」に期待がつながれたのである。従来の世界史の教科書ではあまり言及されていないが、北方の航路の開発が、イギリス、オランダ、フランスなどの戦略目標になり、北アメリカ進出の動機になったのである。

少し遅れてオランダ、イギリスの経済成長に着目し、ロシアを海洋国家に変身させようとしたピョートル一世は、自分が果たしえなかった「北東航路」の開発、そのアジア側の出口に当たる海峡（現在のベーリング海峡）の探検を遺言として残した。ピョートル一世の遺言に基づいて行われたロシアのお雇い外国人、デンマーク人のベーリングが成し遂げたベーリング海峡の発見が、「北東航路」・「北西航路」に一縷の光を投げかけた。とりあえずそれぞれの航路のアジア側の出口の存在が、明らかにされたのである。

しかし氷山と氷が閉ざす北極海の航海は当時としては極めて困難であり、「北東航路」と「北

＊ロバート・ソーン　ソーンは書簡で、北方の航路では、スペイン、ポルトガルの航路を2000レグア以上短縮できると、北極海航路の優位性を指摘した。

古地図に描かれた「北西航路」
（1576年出版のサー・ハンフリー・ギルバートの世界地図）

西航路」の開発は幻想に過ぎないことが次第に明らかになっていった。それを最終的に確認したのが、イギリスの航海士ジェームズ・クックの第三回の太平洋の航海ということになる。

しかし、一八七九年になると、スウェーデン人のノルデンショルド（一八三二年生〜一九〇一年没）が蒸気船「ヴェガ号」に乗って一年余りの航海の末に、北極海、ベーリング海峡を経て横浜に入港。「北東航路」の航海に成功した。北極海の航海が可能なことが、遅ればせながら実証されるのである。

北極海は十一月から四月までは全域がほぼ氷結するが、六月から九月までの夏の期間には氷が融けて氷域の縮小が急速に進む。地球の温暖化が急ピッチで進む現在では、夏の二カ月間に、北極海の航行の可能性が強まっており、「北東航路」と「北西航路」はヨーロッパ・アメリカとアジアを結ぶ経済的な航路として、俄然注目を集めるようになった。

東・西の双方向から大西洋と太平洋を結ぶ、北極海航路の探索のプロセスは現在も続いているのである。

「海の時代」と新大陸の大森林地帯

大航海時代以降、世界の歴史は地表面積の一割に過ぎないユーラシアの歴史（「小さな世界史」）から、大西洋、インド洋、太平洋が五大陸を結ぶ歴史（「大きな世界史」）に転換する。勿論、そのような世界史の舞台の拡大は、一挙に成し遂げられたわけではなく、今でもそのプロセスが続いている。現在のグローバリゼーションの進行も、アジア・太平洋時代の到来も、そうした未完の転換の一部分なのである。

十六世紀以降の、「陸の時代」から「海の時代」の転換が始まる時代に、北アメリカの内陸部では、五大湖周辺、セントローレンス川、ハドソン湾周辺の森林地帯での毛皮交易が始まった。北アメリカ北部の森林地帯では、東から西に向かう航路の開発、つまり「北西航路」の探検が進められる仲で、ビーバーの毛皮の交易がイギリス、フランス、オランダなど新興諸国の商人の手で進められたのである。

その交易は英仏の富裕層の間で流行した奢侈品ビーバー・ハットの原料を確保するための交易であり、カリブ海のサトウ生産のように「海の時代」の新経済システム（資本主義経済）を生み出すには至らなかった。「陸の時代」の交易方法が海を隔てて新大陸に移植されたに過ぎなかったのである。

北アメリカ北部で最初に注目されたのが、絶好の漁場ニューファンドランド島でのタラ漁だった。漁師が陸に上がってタラの干物を作るようになるなかで、サイド・ビジネスとして先住民との間のビーバーの毛皮交易が始まる。最初に交易の担い手になったのがフランス人だったが、やがてイギリス人、オランダ人も加わり、交易ネットワークは大西洋岸から奥地へと伸びた。

「陸の時代」のロシアが、シベリアの狩猟民を帝国の臣民に組み入れて、税として毛皮を納めさせたのに対して、「海の時代」に開始された北アメリカの毛皮交易は、狩猟民との間で商品として毛皮を取引する方法がとられた。毛皮交易はウィンウィンのかたちをとったが、毛皮商人の側からすると安価な商品との物々交換で多くの利益が得られたのである。

「北のコロンブス」を継承する「北西航路」の探検

話は大分戻るが、北アメリカへのヨーロッパ人の進出は、一四九〇年代に始まった。一四九二年のコロンブスによる探検航海の成功に刺激を受け、北アメリカに向かう新しい航路を拓いたのが、イギリスに移住していたヴェネツィアの航海士ジョバンニ・カボート（英語ではジョン・カボット、一四五〇年頃生〜一四九八年没）だった。

十四世紀以降、ビスケー湾のバスク人は鯨を追って、ニューファンドランド、ラブラドールで操業していた。北の海で操業する捕鯨業者に刺激を受けたカボートは、コロンブスが航海した北緯二十八度線より高緯度の海域でかつてのバイキングの航路をたどれば、より短距離で東アジアに到達できると考えた。北方世界の「バイキングの海」の歴史を継承しようとしたのである。彼は、ヘンリー七世（在位一四八五年〜一五〇九年）に北西の航路によるジパング探検の企画を持ち込む。北に航海する方が効率がよいと力説したのである。モンスーンを利用したコロンブスの航路とは比較にならないほど困難な海域での航路開拓を試みたカボートは、「北のコロンブス」と言ってよいかも知れない。

ヘンリー七世は、カボートの提言を受け入れて特許状を与え、捕鯨、漁業、北方交易で繁栄するイギリス西部ブリストル*港の関税の一部を資金として提供した。

カボートの事業に資金の大部分を提供したのは、ブリストルの捕鯨商人だった。しかし資金は乏しく、カボートの航海はコロンブスの航海よりも地味なものになった。

カボートは、一四九七年、十八人の乗組員とともにブリストルを出港。エイボン川を下り、ブリストル海峡を通って大西洋に出ると、北緯四十六度と五十一度の間の偏西風海域を、かつてのバイキングのルートをたどり、五十四日間航海。ニューファンドランド島、ラブラドールを発見し、イギリス王がニューファンドランド島を領有すると宣言した。ちなみに、ラブラドール地方の面積はニューファンドランド島の約二倍で、ニュージーランド島とほぼ同程度であ

＊ブリストル　イングランド西部の商業都市。アイルランドとの羊毛貿易などで栄え、産業革命前まではロンドンに次ぐ都市だった。

る。

カボートはブリストルに帰還後、アジアの東端にたどり着いたと吹聴したが人跡の稀な土地であり、そこがアジアであるという証拠を提出することができなかった。

翌年、カボートは、自分の航海を補強する材料を探すためにグリーンランド沿岸を調査した。しかし、厳しい航海の継続に反対する船員の反乱が起こり、やむを得ず航路を南に変更。現在のアメリカ合衆国のワシントンＤＣの東に位置するチェサピーク湾を発見したが、航海の途中で生涯を終えた。

カボートの探検は、後にフロリダ以北の北アメリカの領有を、先占権に基づいてイギリスが主張する際の根拠とされた。イギリスは、私掠船によるカリブ海への進出、アメリカ北部での大西洋と太平洋をつなぐ航路の開発、という二方向で権益の拡大を目指したのである。

その後マゼランの世界周航で、大西洋、アメリカ大陸、太平洋という配置が明らかになると、イギリス、フランスはアメリカ大陸の北に二つの大洋をつなぐ航路が拓けるに違いないと考えて「北西航路」の探索が繰り返された。先に述べたようにイギリスでは最初「北東航路」の開発が重視され、「新しい土地への冒険商人会社」の設立、チャンセラーによる白海航路の開発が進んだ（七二〜三頁参照）。しかし、やがて「北西航路」の方が有望と考えられるようになる。

私掠船の船長マーティン・フロビッシャー（一五三五年頃生〜一五九四年没）は、一五七六年以降「北西航路」を求めて三度にわたりカナダのバフィン島への航海を繰り返し、一獲千金を求めて金の採取を事業化し、北アメリカ大陸を貫流する海峡を発見して太平洋に至ろうとした。しかし採金事業は失敗に終わり、「北西航路」も見つけられなかった。航路は開発されなかったものの、一連の積み重ねにより北アメリカの海域でのイギリスの優位が確立され、「北西航路」の探検は、ヘンリー・ハドソンに引き継がれることになる（一一五〜六頁参照）。

タラ漁から始まる北米定住

先にバルト海交易の箇所で述べたように、キリスト教ではイエスの修行と受難をしのんで復活祭前の四十六日間の肉食を禁じていた。そのため四十六日間は、魚が主要な蛋白源にならざるを得ず、ニシン、タラの塩漬けや干物が保存食として商品化された。

一般的だったのは北海のニシンの塩漬だったが、ビスケー湾やイギリス海峡でとれる大型魚のタラも重要な蛋白源だった。カボートが発見したアメリカのニューファンドランド島の沖合の海域（グランド・バンク）が寒流のラブラドール海流と暖流のメキシコ湾流が出会う絶好のタラ漁場だと知られると、ポルトガルなど各国の漁民が大挙進出することになった。

現在でも、ポルトガルでは食材の干ダラが大変に好まれている。タラの干物を使った料理の数は一五〇を越え、食材店で巨大な干物を目にする。タラの愛好には長い歴史があり、ニューファンドランド島のタラ漁場に最初に目をつけたのもポルトガル人だった。早くも一五〇一年にはポルトガル人が漁業基地を築いている。

ニューファンドランドにおける初期のタラ漁業の図

一五二〇年代になると、バスク人、ポルトガル人、イギリス人、フランス人、オランダ人などの漁民がニューファンドランド島の漁場に進出。彼らは毎春、船に塩を積んでニューファンドランド島の沖合に至り、秋には塩漬タラを船に満載してヨーロッパに戻った。

十六世紀後半になると、イギリス漁民がタラの頭と内臓を除去し干物として加工する方法を開発。干物は発酵によって味が良くなり、長期の保存が効く、軽量である、塩を運ばなくても良いなどの数々の利点があり、塩漬けに代わって普及した。毎年、三五〇隻以上のタラ漁船がニューファンドランド島に出漁し、上陸して干物作りの作業に従事するようになった。陸上に作業小屋が造られ、漁民が一定期間定住する。ニューファンドランド島の沿岸地帯は、雑多な国、地方の漁民が雑居する野営地に変わり、一五八三年、イギリスはニューファンドランド島を北アメリカにおけるイギリス最初の植民地とした。

漁民のサイド・ビジネスとして始まるビーバーの毛皮交易

陸にあがった漁民と先住民の間で、生活用品のささやかな交易が始まるのは、当然の帰結だった。ニューファンドランド島が寒冷な土地だったこともあり、先住民の毛皮とヨーロッパ人のガラス玉、金属器などが交換される。

やがて漁民たちは、先住民が日常生活で使っていた、ビーバーの生皮をなめして縫い合わせた毛布の使い古しを、奢侈品のビーバー・ハットの原料として買いあさるようになる。先住民が使い古したビーバーの毛布が、高級フェルト帽の原材料として、高く売れることが分かったためである。

厳しい冬の寒さを耐えなければならないヨーロッパでは、毛皮帽を初めとする毛皮製品が生活必需品だった。そうしたなかで、フランスではビーバーの毛で作るフェルトを原料とする帽子が奢侈品として持《も》て囃《はや》された。ビーバーは、かつてのヨーロッパではありふれた動物だったが、乱獲により得難くなり、ビーバー・ハットが奢侈品になっていたのである。

ビーバーの毛皮は剛毛と、その半分位の長さで密生する保温のための綿毛《わたげ》からなっていた。フェルトの原料は柔らかい綿毛で、剛毛は不用だったのである。しかし、剛毛を取り除く作業は意外に面倒だった。そのために先住民が使い古して剛毛が擦り切れた毛皮が、フェルト加工の原料として歓迎されたのである。そこで漁民は、先住民が使い古したビーバーの毛布をさかんに買い集めたのである。

使い古しのビーバー毛布の商品との交換は、先住民も大歓迎だった。そこに、ウィンウィンの関係が生まれる。ビーバーはありふれた動物で、木を鋭い歯で切り倒して作ったダムに居住する習性を持つため、捕獲は簡単だった。そのために需要の拡大に応じて、沿岸から奥地へとビーバー猟と交易が広がった。

ちなみにビーバー・ハットは、もともとはフランスの奢侈品であり、新教徒ユグノーの職人により作られていた。しかしユグノー戦争*に際して多くの帽子職人がイギリスに亡命すると、イギリスでもビーバー・ハットが流行するようになり、ビーバーの毛皮の需要が一気に増加したのである。

2　フランスとイギリスの毛皮交易と植民地戦争

＊**ユグノー戦争**　1562年から1598年まで、フランスのカトリックとプロテスタント（ユグノー）が戦った内戦。ナントの勅令により終結した。

本格的な毛皮交易を目ざしたヌーベル・フランス

フランスでも、フランソワ一世（在位一五一五年～一五四七年）がフィレンツェの探検家ジョヴァンニ・ダ・ヴェラッツァーノ（一四八五年頃生～一五二八年頃没）の献言を受け入れ、メキシコ以南に広大な植民地を持つスペインに対抗する目的で、大西洋と太平洋を結ぶ「北西航路」の探索に乗り出した。

一五二四年、ヴェラッツァーノは王命を受け、五十三人が乗組むカラベル船により北アメリカに向かい、ハドソン川河口付近からメイン川までを調査した。

ヴェラッツァーノは、太平洋が東に延びてニューファンドランド島の付近に迫っていると考え、スペイン領のヌエバ・エスパーニャ（メキシコ）とイギリス領のニューファンドランドの間に、ヌエバ・ガリア（フランス）などの地名を付けて、アジアに至る航路の探索を進めた。

「北西航路」の発見を確信していたフランソワ一世は、一五三四年、ブルターニュ地方のサン・マロ*出身のフランス人航海士ジャック・カルティエ（一四九一年生～一五五七年没）に「北西航路」の探検を命じた。

「黄金などが大量に産出される島々、土地を発見すべし」という王命を受けたカルティエは、セントローレンス湾を横断してセントローレンス川河口の南岸に十字架を建ててフランス王の先占の証しとし、フランスの植民地、ヌーベル・フランスの基礎を築いた。翌年再び航海に出たカルティエはセントローレンス川河口のケベックに到達。彼は、その周辺がどこかという問

＊サン・マロ　イギリス海峡に面したフランス北西部の港町。私掠船（コルセール）の拠点となった。

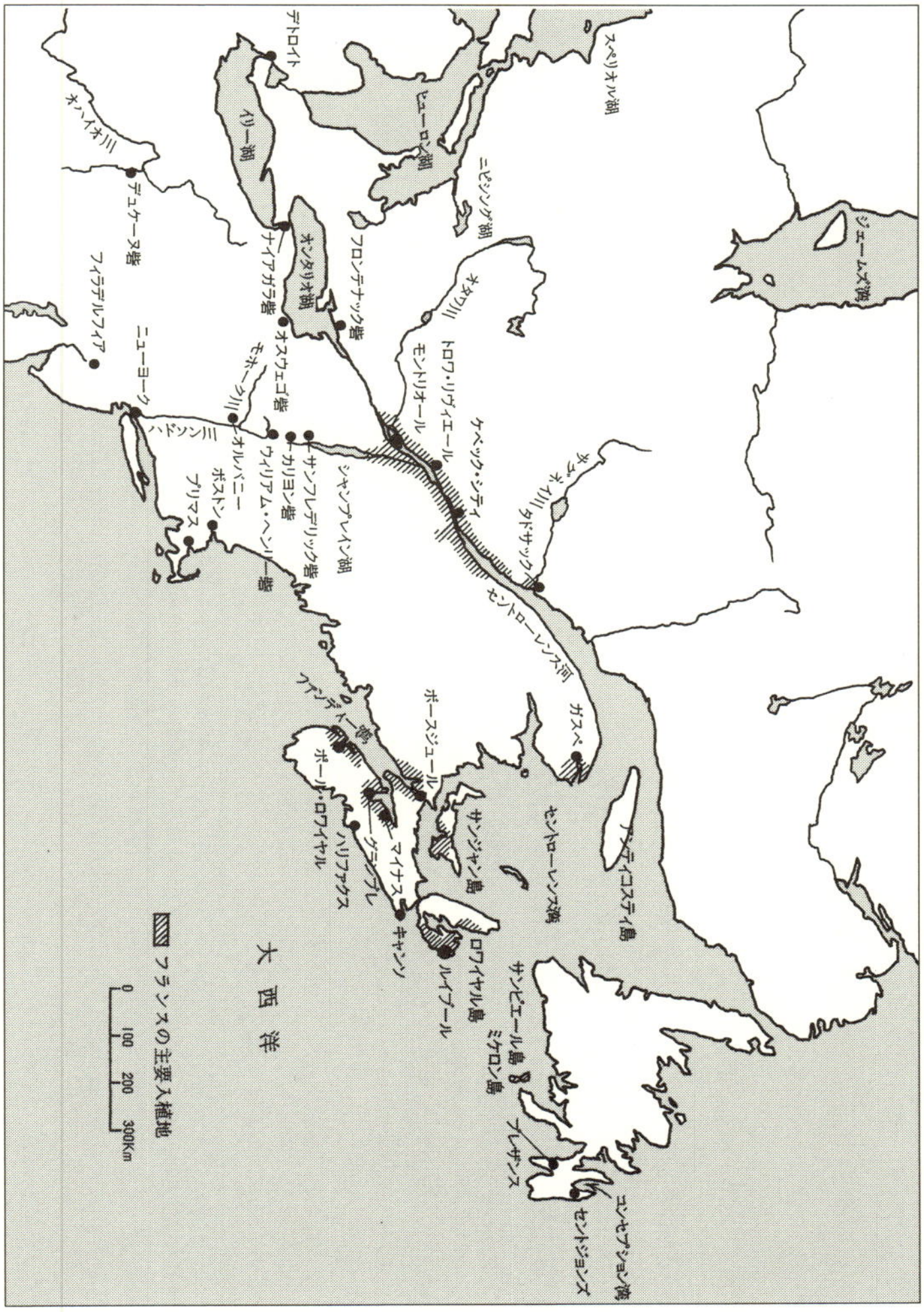

ヌーベル・フランスの版図（1600年〜1763年）

いに先住民が「カンナータ（「小屋の集まり」の意味）」と答えたのを地名と誤解し、「カナダ」と命名した。カルティエは、セントローレンス川の上流に「セグ・テー」という金を大量に産出する土地がある、という先住民の情報に期待を抱くがその地は発見できなかった。

北の森林地帯の有望な商品としては、結局ビーバーの毛皮しか見当たらなかった。フランスは、毛皮交易を拡大するために、猟と交易の体制を整えていく。一六〇八年、探検家のサミュエル・ド・シャンプラー（一五七〇年頃生〜一六三五年没）が二十八人の隊員と共にセントローレンス川を溯り、中流域の川幅が狭まる場所に交易拠点のケベック・シティを建設した。ケベックを築いたシャンプラーは、「ヌーベル・フランスの父」とされている。

シャンプラーは、有力な先住民イロコイ族と対抗関係にあったアルゴンキン族などと同盟を結び、フランス人を一緒に住まわせて言語や生活習慣を学ばせ、フランス人の猟師を育成した。彼らは後に「森の番人」と呼ばれ、先住民との毛皮交易を進める際の尖兵の役割を果たす。しかし大西洋が介在するため、フランスはロシアのような毛皮大国にはなれなかった。

その後、ルイ十四世（在位一六四三年〜一七一五年）の財務総監コルベール（一六一九年生〜一六八三年没）は、期待したような成果を上げることができないヌーベル・フランス会社*に特許を放棄させて解散。王領地に切り替えた。

一六八二年になると、探検家のローベル・ガブリエ・ド・ラサール（一六四三年生〜一六八七年没）が五大湖からミシシッピー川の河口に至る探検を行い、先住民の船でイリノイ川からミ

＊ヌーベル・フランス会社　1580年代までに設立された、毛皮交易を中心とするフランスの貿易会社。

シシッピー川に入り、メキシコ湾に到達した。彼はミシシッピー川流域がフランス領であると宣言。その地をルイ十四世に因んで「ルイジアナ」と命名した。その結果、北アメリカが広大な土地であることが明らかにされたが、他方でミシシッピー川が太平洋とつながるという期待は消え去った。ルイジアナの植民支配はほとんど実体が無く、要塞が築かれてヌーベル・フランスの海兵隊が駐屯するだけだった。地図の上では大領域だったが、内実は乏しかったのである。

ビーバーとは

北アメリカの落葉広葉樹林に棲息するビーバーの毛皮は、フランス・イギリスで最も人気のある奢侈品になった。大型のネズミともいうべきビーバーは齧歯類《げっしるい》に属すリス、ネズミの仲間であり、アマゾン川流域に棲息するカピバラに次いで大きい。体長は七四センチから一三〇センチ、長い尾が二二センチから三〇センチで、体重は三〇キロ程度である。

草食性のビーバーはとても臆病な動物で、コヨーテなどの天敵から身を守るために、強い門歯で水辺の樹をかじり倒し、それを土台にして流れをせきとめるために泥、枯れ枝などのダムを作り、その中に直径六メートルもの巣穴を掘って身を守った。ビーバーは、森の景観を変える勤勉な土木建築技師である。英語にWork like beaver（ビーバーのように働く）という表現があるように、ビーバーは勤勉な動物とみなされている。

ビーバーが勤勉な労働で築き上げた住まいは人間に発見されやすく、猟師がビーバーを捕獲するのは容易だった。しかし、ビーバーはそれぞれが広いテリトリーを持っていて、一キロ平方当たりの棲息数はわずかに五匹程度に過ぎず、ビーバー猟は広い地域に及ばざるを得なかった。そうしたことから、フランス人、イギリス人の手にはおえなかったのである。先住民のビーバー猟師がカヌーを操って川沿いの広領域での狩りを進め、狩猟のフロンティアは奥地へ奥地へと移動した。大航海時代以前、北アメリカには一〇〇〇万匹以上のビーバーが棲息していたと推測されるが、乱獲で急速に頭数が減少していった。

ビーバーは寒い土地で水中生活を送るために、茶色の固い外毛の内側に白い綿毛の内毛が密生しており、内毛に空気を含ませ、皮膚に水がしみこむのを防止した。綿毛が断熱材の役割を果たしたのである。ビーバーの柔らかい内毛には小さなトゲが沢山生えていて互いに絡み易く、フェルトの製造には便利だった。綿毛に固定剤を加えて蒸気と熱を加えると、トゲとトゲが絡み合って光沢のある強いフェルトができあがったのである。

フェルトに加工された柔らかい綿毛は、フランス人やイギリス人の紳士、淑女の防寒用の高級帽子の素材になった。イギリスではエリザベス一世（在位一五三三年〜一六〇三年）の時代から色々なスタイルのビーバー・ハットが作られ、王侯貴族、ジェントリーなどの間で流行した。現在、シルクハットと呼ばれている円筒形の帽子は、元々はビーバー・ハット、ビーバー・ハイ・ハット、俗語では「カスター」と呼ばれていたのである。

十七世紀以降、ビーバー・ハットは紳士に欠かせない帽子となり、北アメリカのビーバーの乱獲が進んだ。十九世紀前半になると、年間に一〇万頭から五〇万頭ものビーバーが殺戮されることになり、ビーバーは絶滅寸前にまで追い込まれる。そのため品不足が深刻化したビーバーの毛皮の代わりに、表面をけばだたせて毛皮風に仕立てたシルクを素材とするシルクハットがイタリアで考案され、それが人気を得ていく。ファッションは、まことに気まぐれである。

十九世紀後半、ビーバー・ハットの需要は激減。それとともにビーバーの毛皮の価格が暴落し、ビーバー猟は急速に下火になった。ビーバーの狩猟時代の終焉は、ヨーロッパの市場の側から訪れたのである。

「北東航路」から「北西航路」に転じたハドソン*

イギリスでも、ビーバーの毛皮交易が着目されるようになるが、事情はフランスとは異なっていた。後にイギリスの毛皮交易の中心地域となるハドソン湾沿岸の探検を行ったのは、ヘンリー・ハドソンである。しかし、彼の探検の目的はあくまで「北西航路」の探査にあり、毛皮の交易は意識されていなかった。

ハドソンは、一六〇七年にロシアとの白海経由の貿易を独占するイギリス初の勅許会社、モスクワ会社に雇われ、シベリア沖の北極海を通ってヨーロッパと中国を最短距離でつなぐ「北東航路」の探索にあたった。当時、ヨーロッパでは夏の二・三カ月間、北極海の氷が解けて船

*ヘンリー・ハドソン　(1560年代から70年頃生〜1611年没)、イギリスの航海士、探検家。1609年と1610年の二度の航海で、カナダ東北部、アメリカ東岸に至った。ハドソン湾、ハドソン海峡、ハドソン川にその名を残している。

のである。

の航行が可能になり、ヨーロッパから中国、モルッカ諸島に直航できると固く信じられていたのである。

一六〇七年の夏、ハドソンは、北極点から一〇〇〇キロ余りの海域にまで到達したが、氷に海が閉ざされていて先に進めず、「北東航路」を開発することができなかった。翌年、ハドソンは北極海を東に向けて航海し、ウラル山脈の延長とみなされるヨーロッパの最北端のノヴァヤゼムリャ列島*にまで達した。しかし、「北東航路」は、氷海に阻まれて航行不能であると結論づけた。

一六〇九年、ヨーロッパからの「北東航路」を諦めたハドソンは、大西洋からアジアに向かう「北西航路」の発見に方向を変えた。彼はオランダ東インド会社に雇われ、ハーヴ・ミン号（英語でハーフ・ムーン号）によりアメリカ大陸の北辺で「北西航路」の探索に従事する。ハドソンは、長年の経験から氷の海の航行は難しいと考え、一六〇七年、ロンドン・ヴァージニア会社*の三隻の船が植民団をチェサピーク湾に派遣してヴァージニア植民地を築いたという情報を得ると、ヴァージニア付近から太平洋に出る水路の探索に方針を切り替えた。ハドソンは、現在のワシントンＤＣの東のチェサピーク湾、その北のデラウエア湾のあたりで大陸を横断する水路の探索を行うが発見できず、ニューヨーク湾からハドソン川を遡り中流のオールバニにまで到達した。

一六一〇年、ハドソンはヴァージニア会社とイギリス東インド会社の共同出資で、ディスカ

＊**ノヴァヤゼムリャ列島**　バレンツ海とカラ海の境界となる列島。北島と南島からなり、総面積は北海道の約1.2倍。　＊**ヴァージニア会社**　1606年に英国王ジェームズ一世の勅許を受けて成立した北米植民会社。国王自らが筆頭株主だった。

バリー号による第四回の航海に出た。目標は、言うまでもなくアジアへの航路の探索だった。ハドソンは、ラブラドールを越えて北緯六一度付近で西方への水路を見つけ、カナダ北部のハドソン湾（面積が日本海の約一・二倍）に入った。彼は「北西航路」を発見したと大喜びしてハドソン湾の南方海域を探索。太平洋への出口を探ったが航路は発見できず、南端のジェームズ湾で越冬し、翌年の春に、探検を再開した。しかし探検の続行を主張するハドソンと帰還を主張する乗組員の間に対立が生じ、ハドソンと息子のジョン、六人の乗組員は毛布・わずかな食料・弾薬と共に小船に乗せられ置き去りにされてしまった。「北西航路」の探検に大きな足跡を残したハドソンは、それきり消息を断ってしまう。

その後、卓越した航海士、ウィリアム・バフィン（一五八四年生～一六二二年没）は北緯七七度まで航海し、「北西航路」は存在するけれど、航海には氷海での幾度もの越冬が必要と結論づけた。しかし、ハドソン湾から太平洋に通じるルートがあるという説は、一八〇〇年頃まで存続し続けることになる。

王族のサイド・ビジネスだったハドソン湾会社

イギリス人をビーバーの毛皮交易に引き込んだのは、ヌーベル・フランスで無免許の毛皮交易を許可されなかったラディッソンとグロセイユールという二人のフランスの毛皮商人だった。彼らは、イギリスのチャールズ二世（在位一六六〇年～一六八五年）に、探検家ハドソンが消息を断ったハドソン湾こそはビーバーの毛皮の宝庫であり、交易を始めれば大きな利益が見込めるという儲け話を売り込んだ。その話に国王チャールズ二世が乗り気になり、イギリス王室の手でハドソン湾岸の開拓事業の一部としてビーバーの毛皮交易が始められることになる。

ハドソンが消息を断ってから六〇年後の一六六八年、王政復古で王位についたチャールズ二世の従兄弟ルパートが送った毛皮交易船がハドソン湾に入る。

船はハドソン湾の奥のジェイムズ湾に至り、沿岸住民との間のビーバーの毛皮交易で巨額の利益を得た。その実績を踏まえ、チャールズ二世は一八七〇年に勅許会社、ハドソン湾会社を設立した。王は従兄弟のルパートを、初代総督に任命。会社はルパートをはじめとする十八名が出資する小規模なもので、資本額は東インド会社の五パーセント以下だった。ハドソン湾会社は、チャールズ二世からハドソン湾沿岸、湾に流れ込む河川の全流域（ルパート・ランド）での毛皮交易の独占権と行政権を与えられた。

ハドソン湾会社に所有が認められたルパート・ランドは、驚くほど広大な土地（三九〇万平方キロ、現在のカナダの面積の三分の一）で、ハドソン湾会社の初代総督ルパートの名が冠された。

ルパート・ランドは、シベリアのような毛皮の宝庫になることが期待されたのである。王からハドソン湾会社に与えられた特許状には、独占的交易権、北西航路の開発権、漁業権、鉱業権なども含まれていた。しかしそうした特権の代償は、王がルパート・ランドを訪問した際に「二頭のエルク（ヘラジカ）と二匹の黒ビーバー」を贈呈するだけであり、全くの名目だった。

イギリス王室は「北西航路」の開拓を諦め、実利的な毛皮交易に方向を転換したのである。

ハドソン湾会社の殿様商売

ハドソン湾会社は、ハドソン湾に流入する主な河川の河口部にヨークなど四つの交易所（ファクトリー）を常設し、それぞれに士官と労働者からなる数十人の人員を配置した。交易所は、先住民がカヌーや犬橇で運んでくるビーバーなどの毛皮をナイフ、ガラス玉などと交換し、ひたすら毛皮の集積に励んだ。ハドソン湾会社の狩猟民が交易所に持ち込むビーバーの毛皮を物々交換で入手する仕組みは、「ファクトリー・システム」と呼ばれた。イギリス人は、毛皮を商品として取引するだけで、毛皮猟とはかかわらなかったのである。

ハドソン湾会社の交易所風景（1845年頃）

ハドソン湾はかつて氷河が侵食したなだらかな丘陵と無数の河川、湖、沼沢からなるカナダ楯状地に取り囲まれており、バルダイ丘陵を分水嶺として川が縦横に流れるロシアの地形と類似していた。十人程度が乗り組んで長さ二・五メートル程のカヌーを操る先住民は、複雑に入り組んだ川の道を自由に往来し、水系と水系の間はカヌーを担いで陸路を運んだ。移動法は、ロシアで毛皮交易を行ったスウェーデン系バイキングと同じである。ハドソン湾会社は交易所に留って毛皮を集めるだけであり、先住民のネットワークを利用したのである。

地図で見ると、カナダの約四分の一は湖沼地や河川であり、諸河川は落葉広葉樹林が連なるハドソン湾の南、五大湖周辺の森林地帯を縫ってロッキー山脈にまで伸びている。縦横につながるネットワークを結んで、太平洋に至る広大な地域からビーバーの毛皮が交易所に集まったのである。河川ネットワークを往来したのは、樹皮を加工した軽く、強く、しかも簡単に修理できる快速カヌーだった。先住民の軽いカヌーは驚く程の速度で航行し、数トンもの毛皮を長距離運ぶことができた。

ビーバーの毛皮の供給者は多数に及び、ハドソン湾会社は先住民が欲しがる交易品をファクトリーに用意しておくだけでよかった。自給自足の生活を送る先住民は、勿論ヨーロッパの毛皮市場を知るわけがなく、毛皮を商品とは考えていなかった。毛皮は一種の通貨だったのである。先住民は、自分が欲しい品物がある時だけ、毛皮を携えて交易所を訪れた。交易所は先住民が欲しくなる品物を揃えるだけでよく、多くの働き手は必要としなかった。その点が、征服により先住民を臣民とし、毛皮を税として強制的に徴収したロシアとは異なっていた。

そうしたこともあってハドソン湾会社の従業員数は少なく、全体で二〇〇人程度に過ぎなかった。ハドソン湾会社は、年に一度イギリスから送られてくる交換品を船から交易所に運び、先住民がカヌーで持ち込んだ毛皮と交換し、集めた毛皮を船に積み込んでイギリスに送るだけだったのである。

ハドソン湾会社のイギリス人は、狩猟技術、極寒の地で生きる技術、森林地帯での移動の技術などをほとんど身につけておらず、ビーバー猟は全べて先住民に頼りきっていた。十七世紀から十八世紀にかけて、ハドソン湾会社は時に部族対立に巻き込まれることがあったものの、基本的には先住民とのウィンウィンの関係を長期間持続させた。十七世紀末から約一〇〇年間、ファクトリー・システムは維持されたのである。

オランダ人の毛皮交易の拠点となったマンハッタン

世界に広く利を求めたオランダ商人も「北東航路」・「北西航路」の開発に熱心だった。一五九四年以来、ウィレム・バレンツを雇って行われた三次の「北東航路」のチャレンジに失敗した後、先述したように、イギリスの航海士、ハドソンを雇って「北西航路」の開拓を進めた。そうした流れの中で、一六一四年、オランダ人はマンハッタン島*の南端に毛皮交易の拠点を設けた。彼らは一六二六年、先住民のアルゴンキン族からマンハッタン島を六〇ギルダー相当の装身具、布、金物との交換で手に入れ、ニュー・ネーデルランド植民地の首都ニュー・アムス

＊**マンハッタン島**　ハドソン川の河口の中洲にある島。面積は東京の山手線の内側にほぼ等しい。ニューヨークの中心となっている。

テルダムとした。オランダ人は、マンハッタン島に設けた居住地の周囲を木材の柵（壁、ウォール）で囲み、その周辺で交易を行った。それが現在の、ニューヨークの金融街、「ウオール街」の語源になる。

やがてオランダ人は、ニュー・ネーデルランドのフォート・オレンジ（現在のオルバニ）に新たな毛皮交易の拠点を設け、ハドソン川を使う交易を行った。

一六五三年に人口約八〇〇人に至ったニュー・アムステルダムは、北アメリカでのオランダ商人の拠点となり、毛皮のみならず奴隷、ヴァージニアのタバコ、西インドの砂糖が集められてヨーロッパ市場に送られた。ハドソン湾会社、ヌーベル・フランスとともに、ニュー・アムステルダムからも大量のビーバーの毛皮がヨーロッパに送られたのである。

イギリスは第二次英蘭戦争*（一六六五年～一六六七年）に勝利すると、一六六七年に締結されたブレタ条約で、オランダからニュー・アムステルダム（ニューヨークと改名）を含むニュー・ネーデルランドを手に入れた。その結果イギリス人は、ハドソン川の流域で集めたビーバーの毛皮を、ニューヨーク港からイギリスに送るようになる。そうしたことからイギリスではビーバーの毛皮が一時的に供給過剰となり、価格が暴落した。

イギリスとフランスの間の毛皮戦争

イギリスのハドソン湾会社設立の翌年、ハドソン湾周辺が豊かな毛皮産地であることを知っ

＊第二次英蘭戦争　1665年から1667年にかけて戦われ、英仏両国を相手に戦ったオランダが敗北。

たヌーベル・フランスの総督は自分たちの毛皮交易圏にイギリス人が不当に侵入したと主張し、ハドソン湾地方への進出を策した。その結果、ハドソン湾沿岸で毛皮交易の利権を巡る英仏の武力対立が繰り返されることになる。

十七世紀から十八世紀の北アメリカでは、イギリスが大西洋岸に建設した十三植民地を、フランスのヌーベル・フランスとルイジアナが北と西から取り巻き、その北にハドソン湾会社の勢力圏が広がっていた。五大湖、ハドソン湾周辺、ミシシッピー川流域、オハイオ、アレゲニー台地*で、毛皮を巡る争いが繰り返されたのである。

イギリスの歴史家ジョン・ロバート・シーリー（一八三四年生〜一八九五年没）は、北アメリカを舞台とするイギリス・フランスの植民地争いを「第二次百年戦争」と呼んだが、その起点が一六八九年に起こったウィリアム王戦争*（〜一六九七年）、一七〇二年のアン女王戦争*（一七〇二年〜一七一三年）だった。

一七一三年、ユトレヒト条約が締結されアン女王戦争は終る。この条約で、イギリスがニューファンドランド島、ハドソン湾を、フランスがセントローレンス湾の島々を支配することが定められ、一時的に両者の縄張りが取り決められた。ユトレヒト条約の締結後、ヌーベル・フランスではモントリオールとケベック間の道路（「王の道」）が建設され、自足できる植民地としての形が整えられた。十八世紀前半になると移民の数が増し、イギリスの十三植民地の人口は一〇〇万人を越え、ヌーベル・フランスの人口も八万人を越えた。

＊アレゲニー台地　アメリカ東部のアレゲニー山脈西麓の丘陵地帯。　＊ウィリアム王戦争　1689年から1697年にかけて北アメリカで植民地のフランスとイギリスが戦った戦争。両国植民地の境界は変わらなかった。　＊アン女王戦争　ヨーロッパのスペイン継承戦争に対応して戦われた、二度目の北アメリカ植民地における英仏戦争。イギリスを統治していたアン女王の名にちなむ。

ヨーロッパで七年戦争（一七五六年〜一七六三年）が起こると、北アメリカではオハイオ川流域の毛皮交易の利権を巡るフレンチ・インディアン戦争（一七五五年〜一七六三年）が起こった。イギリス軍と、フランス軍・先住民のイロコイ族の連合勢力の間の戦争である。

この戦争で、フランス軍は大敗。イギリス軍はケベック、モントリオールを占領した。一七六三年のパリ条約でヌーベル・フランスはイギリスに割譲され、ケベック植民地となった。その結果、フランス人の毛皮商人の多くは帰国を余儀なくされ、フランス系カナダ人はイギリスの支配下に入った。しかし広大なルイジアナはスペイン領に編入され、イギリスの十三植民地の人々の立ち入りは許されなかった。

3　分立するアメリカ合衆国とカナダ

アメリカ合衆国の独立とカナダの誕生

イギリスが北アメリカからフランスを撤退させた十二年後、本国なみ課税に反対して本国との対立を強めていた十三植民地が、アメリカ独立戦争（一七七五年〜一七八三年）を起こした。戦争はフランス軍などの支援を得た植民地軍が、一七八一年のヨークタウンの戦いでイギリス軍を破り、決着がついた。一七八三年のパリ条約で、ケベック植民地を除く五大湖から南のイギリス領が、独立を達成したアメリカ合衆国に編入された。

独立戦争は、植民地の独立を主張する愛国派（パトリオット）と王党派（ロイヤリスト）の戦いでもあった。戦後、約七万五千人の王党派が、独立戦争の際の本国軍の拠点、ケベック周辺に移住する。そのためにイギリスの植民地にとどまったカナダは、フランス語圏のローワー・カナダとイギリス語圏のアッパー・カナダに分かれていくことになる。

他方、一八〇一年にスペインからフランスに返還された面積二一〇万平方キロのルイジアナは、一八〇三年、戦費の調達を図るナポレオン一世により、わずか一五〇〇万ドルでアメリカ合衆国に売却された。その地域は、現在でもアメリカ合衆国の領土の約二十三パーセントを占めている。その結果、フランスが北アメリカに築き上げた毛皮ネットワークは最終的に姿を消すことになった。

独立戦争後、イギリスの植民地としてとどまったカナダは、一七九〇年に成立した植民地統治法により、かつてのケベック植民地（一七六三年～一七九一年）が南部の英語圏のアッパー・カナダと、北部のフランス語圏のセントローレンス川下流、ニューファンドランド、ラブラドール地方を併せたローワー・カナダに分割され、寄せ集めの状態を克服できなかった。

確定されるアメリカ・カナダの国境

一八一二年、ヨーロッパのナポレオン戦争に乗じてカナダの占領を目指したアメリカが、イギリスとの間に米英戦争（一八一二年〜一八一四年）を起こした。しかしアメリカ軍は弱体で、イギリス軍によりホワイト・ハウスが焼き打ちにされるなどの惨敗を喫し、一八一四年に戦争は終結した。一八一八年にロンドンで締結された協定では、ミネソタ州北部のウッズ湖からロッキー山脈までのアメリカとカナダの国境を北緯四九度線とし、そこから先のロッキー山脈の国境についてははペンディングとされた。

米英戦争中にローワー・カナダとアッパー・カナダは米英両軍の主戦場になったが、皮肉なことに戦争中にイギリス系住民とフランス系住民の間に一体感と国家意識が強まった。一八四〇年、憲法が制定されて、アッパー及びローワー・カナダはカナダ連合として合併された。

米英戦争後に太平洋岸では、北緯五四度四〇分以北のロシア領のアラスカと北緯四二度のスペイン領カリフォルニアの間の広大な土地がオレゴン・テリトリーと呼ばれ、アメリカとイギリスの共有地とされた。一八四六年、ワシントンでオレゴン条約が結ばれ、先に決定されていた北緯四九度線の国境を西にそのまま伸ばし、オレゴン地方の国境が定められた。ただ北緯四九度線の南北にまたがるバンクーバー島は例外とされ、全体がイギリス領としてカナダに帰属することになった。北アメリカ大陸の森林地帯が、アメリカ合衆国とカナダに分割されたのである。

一八四九年、イギリス領北アメリカ植民地（カナダ）政府が成立する。

ハドソン湾会社の解散と毛皮交易の終焉

イギリス領となったカナダでは、零細な毛皮商人がフランス系のフランス人と先住民の間の「混血」を利用して、モントリオールを拠点とする内陸の毛皮交易ネットワークを再編した。モントリオールの毛皮商人と内陸部の毛皮仲買人が双方向に向けてカヌーを出し、中間点で出会って交易するランデヴー交易（二拠点を結ぶ輸送ネットワーク上での交易）が始まる。毛皮商人が内陸部に立ち入り、積極的にビーバーの毛皮の買い入れを行なうようになったのである。

アメリカ独立戦争後、毛皮交易が混乱するなかで、特権的なハドソン湾会社に対抗してモントリオールの十六人の新興毛皮商人が、一七八三年にノースウェスト社（北西会社）を創設する。一七八三年のパリ条約で、オハイオ、ミシシッピーの両地方がアメリカに譲渡され、アメリカの毛皮商人の西部進出により従来のハドソン湾会社の交易ネットワークが奪われたことも、会社成立の一因だった。その後、先住民と積極的に結び付いたノースウェスト社は、一時的にカナダ西部の毛皮交易の八〇パーセントを支配し、殿様商法のハドソン湾会社に対して圧倒的優位に立った。

ところが一七九八年、毛皮商人の寄せ集めからなるノースウェスト会社が内部対立で分裂し、新ノースウェスト社が分離する。新会社は、毛皮の梱包にＸＹＣ（ノースウェスト社はＮＷＣ）の焼き印を押したことからＸＹ会社と呼ばれた。一八〇四年になると、競争関係にあった両社がノースウェスト社として合併。そうした経緯もあって、ノースウェスト社のハドソン湾会社に対する優位は絶対的となった。競争に敗れたハドソン湾会社は、無配に転落する。惰弱な国策会社、ハドソン湾会社はカナダの毛皮交易からの撤退を検討しなければならない窮地に陥ったのである。

しかし、ノースウェスト会社もビーバーの乱獲、ヨーロッパでのビーバーの毛皮の需要の減少が重なって経営難に直面。一八二一年、イギリス政府の意向を受けてハドソン湾会社がノースウェスト社を吸収・合併することになった。しかし十九世紀後半、帽子の素材が絹に変わったことが追い打ちを掛け、ハドソン湾会社は一八七〇年に解散を余儀なくされた（一三〇頁参照）。

ビーバーの毛皮の交易は、北アメリカ大陸の森林地帯とヨーロッパの奢侈品の市場を結ぶ小規模な交易に終始したが、ついに終焉を迎えたのである。しかしその過程で、イギリス、フランス、オランダの植民地争い、アメリカの独立戦争、イギリス領植民地カナダの形成が進み、広大な北アメリカの森林地帯がアメリカ合衆国とカナダに二分されることになった。

第5章　ラッコの発見と毛皮交易の新フロンティア北太平洋

1　ピョートル一世が活路を求めた「北東航路」

サンクトペテルブルク建設の背景

話は前後するが、次に北太平洋に新たな毛皮のフロンティアが形成されるに至る経緯について記すことにする。

シベリアの毛皮交易、北アメリカのビーバーの毛皮交易が共に衰退に向った十八世紀になると、「海の時代」の世界の周縁部に位置し、「北東航路」、「北西航路」の出会いの場として注目されてきた北太平洋が毛皮交易の新たなフロンティアとして登場する。

偶然の経緯で発見された海獣ラッコの毛皮が陸路、海路で清に輸出されるようになり、その膨大な利益を巡りロシア、イギリス、アメリカ、スペインの抗争が展開される。そうした新しい海獣の毛皮の時代を準備したのが、「小さな世界」から「大きな世界」の転換の時流に積極

ピョートル時代のロシア

的に対応しようとしたロシア皇帝ピョートル一世（在位一六八二年～一七二五年）だった。モスクワ郊外の居留地で外国人と接しながら育ったピョートル一世はオランダ・イギリスを手本にして、ロシアの海洋進出と「北東航路」の開発に生涯を賭けることになる。

　一六九七年から翌年にかけて、ピ

ヨートルは約二五〇名からなる使節団*をオランダ、イギリスに派遣し、自らも偽名を使って使節団の一員に加わった。ピョートルは、アムステルダムではオランダ東インド会社の造船所、ロンドンでは王立海軍造船所で造船を体験し、イギリス海軍の演習を見学した。帰国後ピョートルは約一〇〇〇名の軍事・技術関係のお雇い外国人を雇い入れ、海洋立国を目ざす。しかしロシアはバルト海に面した領土を持っておらず、バルト海に覇を唱えるスウェーデンを倒すことが先決になった。

建設途上のサンクトペテルブルク

ピョートル一世は、ポーランド、デンマークと北方同盟を結んで戦ったスウェーデンとの北方戦争（一七〇〇年～一七二一年）に辛勝し、バルト海の覇権を確立した。戦争中の一七〇三年、ピョートルは新たに獲得したネヴァ川河口に砦を築き、「聖ピョートルの町」を意味するドイツ語のサンクトペテルブルクと命名した。一七〇五年、ピョートル一世は徴兵制を採用し、兵士のヨーロッパ式訓練を開始する。

一七一二年、低湿地での首都づくりが一段落すると、ピョートルはロシアの河川ネットワークの中心のモスクワから海港のサンクトペテルブルクに遷都し、大貴族、

＊ピョートルの使節団　オランダのアムステルダムに、４カ月半、ロンドンに３カ月滞在。ザクセンのドレスデン、オーストリアのウィーンにも立ち寄った。

富裕な商人、職人などを大規模に移住させた。新首都の人口は、北方戦争終結三年後の一七二四年、七万人に達した。

ピョートルはヴォルガ川の川船や漁船を集めて貧弱な海軍を組織し、バルト海から北海、大西洋への進出にチャレンジした。小さな船出ではあったが、中央アジア、シベリアと結び付いていた「陸の時代」のロシアを大西洋を中心とする「海の時代」のロシアに転換させようとする壮大な試みだった。

ピョートル一世を驚かせた漂流民デンベイ

ピョートルのアジアの海への関心を一段と高めたのが、日本からの漂流民デンベイだった。

十七世紀の日本は、参勤交代により江戸が大消費地として急成長した時代だった。上方から江戸に諸物資を輸送する海運が盛んになり、日本近海で海難事故が多発することになった。アリューシャン列島、カムチャッカ半島などに日本人の漂流民が流され、オホーツク海に進出したロシア人と接触することになる。

そうしたなかで、カムチャッカ半島を征服したコサックの長ウラジーミル・アトラーソフ（?年生〜一七一一年没）が、カムチャッカ西岸でイテリメン人*の部落に捕らえられていた「デンベイ」という日本人漂流民の情報をピョートルに伝えた。

デンベイ（伝兵衛）というのは、一六九五年、廻米船で江戸に向かう途中で暴風に遭遇し、

*イテリメン人　カムチャッカ半島の大部分に居住していた先住民。17世紀の人口は約２万人と推測されている。

カムチャッカ半島の南岸に漂着した大坂商人だった。デンベイの十二人の仲間の多くは漂流中に死に絶え、イテリメン人に捕らえられたのは三人だけであり、そのうちデンベイ一人が生き残った。

アトラーソフは当然のことながら日本語は分からず、日本についての知識もなかったため、デンベイが話した大坂を「ウザカ」国、江戸を「インド」というように聞き違えていたが、ピョートル一世にデンベイの出身地である「インド（江戸つまり日本）は金が豊富であり、インド（江戸の）皇帝の宮殿は金や銀でできている。インドでは黒貂などの毛皮獣は利用されておらず、衣服には木綿と縫い合わされた種々の錦織《にしきおり》が着用されている」という報告を寄せた。報告はモスクワに伝えられ、評判を呼んだ。

デンベイは一七〇一年一二月、ヤクーツク経由でモスクワに護送され、一七〇二年一月八日、ピョートル一世に謁見する。かねて日本近海の「金銀島*」、「銀の島」の伝聞を得ていたピョートルは、デンベイが話す金や銀の話に、大変に興味を持った。デンベイの話には、かつてマルコ・ポーロが『東方見聞録』で伝えた「黄金の島ジパング」の話の断片が垣間見えたからである。

デンベイは自分の乗っていた船が三〇隻からなる商船隊の一隻で長さ三二メートル、幅八・五メートルであり、商品を金貨・銀貨と交換するために大坂を出帆して約七四七キロ離れた江戸に向かったが、強風により二八週間も海上を漂流することになったと話した。

＊金銀島伝説　16世紀にポルトガル人により生み出された。日本は「黄金島」ではなく、日本の東方海上に金銀を豊に産出する「金銀島」が存在するとする伝説。

彼はまた、(一)金貨がミヤコ(都)と江戸で鋳造されていること、(二)金・銀・銅・鉄などの偶像を崇拝すること、(三)中国人に金銀を売り渡していること、(四)最高支配者の皇帝が公方様(ク・ボ・サマ、将軍の意味)で江戸に住み、総主教に当たる内裏様(ダイリ・サマ、天皇の意味)がミヤコに住んでいること、(五)皇帝、長老の家、最高の神殿は金張りになっていること、(六)貨幣にウバン(大判)とコヴァーヌイ(小判)という金貨があること、などを話した。また日本の貿易についても、日本人は外国には赴かず、外国船が羅紗《ラシャ》などの商品を積載して唯一対外貿易が許された長崎(ナンガサキ)にやって来ると話した。

千島列島でイテリメンがデンベイの一行から接収した重さ約二プード(約三三キロ)の小形金貨が詰まった二つの箱、つまり千両箱の存在が、デンベイの話が信頼するに値することを示していた。

ピョートル一世は、デンベイがもたらした黄金情報に強い興味を持った。ポルトガル人や、スペイン人のビスカイノ*、オランダ東インド会社の船長のフリースなどの航海により、マルコ・ポーロが伝えた「黄金の島」ジパングの東北には、「ステートランド(現在の択捉島)」、「カンパニーランド(現在のウルップ島)」、「ガマランド」、「エゾ島(北海道)」などがあるとされていたが、実際のところはよく分かっていなかった。オホーツク海は未だ霧に閉ざされた未知の海だったのである。もしかしたら、日本から毛皮以上に価値のある安価な金・銀が大量に得られるかも知れないとピョートルが考えたとしても、おかしくはなかった。ピョートルは、シベリアの先

＊ビスカイノ　(?年生～1615年没)、スペインに生れ、メキシコに渡った商人、探検家。1611年から翌年にかけて来日。沿岸を測量するとともに、伝説の「金銀島」を探索したが、船が破損。支倉常長を副使とする慶長遣欧使節団の船に同乗して帰還した。

の大海に浮かぶ「黄金の島」の実像を突き止めたいという強い衝動にかられたのである。

ピョートルは同年一月、ヤクーツクの長官に対して一〇〇人の部隊をカムチャッカ半島のカムチャダール砦に派遣して、（一）先住民をロシアの臣民とし、ヤサーク（毛皮で納める人頭税）を課すこと、（二）日本に航行するためのルートの探索を行い、日本の軍備の状況、日本で得られる商品の種類、日本人が望むロシア商品の調査を行い、（三）日本との通商関係の樹立に努めること、を申しつけた。その後三十年間、千島列島付近の海域に探検隊が派遣され、千島列島経由で日本に至るルートの探索が続けられることになる。

またデンベイにロシア語の読み書きを教え、ある程度デンベイがロシア語に熟達したところで、四、五人のロシア人に日本語の読み書きを教えさせるように命じた。新都サンクトペテルブルクが建設された翌々年、ピョートルは勅令を出し、日本語学習所を設立させる。そうしたことからも、ピョートルの日本に対する関心の程を推し量ることができる。デンベイは命じられた通りに教師として日本語を伝授したが、それを果たせば帰国させるという約束は果たされず、名前をガブリエルと改めてロシアで没している。

ロシア海軍の建設と困難な海洋進出

ピョートル一世はサンクトペテルブルクに航海学校を開設し、一七一五年、上級機関として海軍アカデミーを創設した。都がモスクワからサンクトペテルブルクに移されたのが一七一二年であるから、ピョートル一世の海の世界への思い入れの強さを知ることができる。
ロシア生れのフランスの伝記作家アンリ・トロワイヤ（一九一一年生〜二〇〇七年没）の『大帝ピョートル』は、ピョートル一世が慌ただしく海軍を創設したことに関して、次のように述べている。

即位当時、ロシアには軍艦は一艘もなかったし、アルハンゲリスクの漁師をのぞけば、誰一人、航海術に興味をもとうとする者もなかった。一七二五年、ロシア艦隊は、四十八艘の軍艦と七百八十七艘のガリー船を擁するにいたった。二万八千の兵は、ほとんどが北部の海岸地帯や河川に沿った村の出身者で占められていた。
はじめピョートルは、外国人を呼んで指揮に当たらせた。だがそれと同時に、若いロシア人たちを国外に送り、海軍の軍人としての教育を受けさせた。やがて彼らは、経験豊かな海軍士官の一団を組織し、その数も、海軍アカデミーの積極的な活動によって年々増えていった。

考えてみれば、「川の道」のネットワークを基礎に建国されたロシアが海軍を持たないのは、奇妙なことであった。しかしロシアでは、河川は道路だった。ロシアは「海の国」ではなく「内陸の国」であり、粗末な川船を使った「川の道」が道路にあたったのである。そこでピョートルはロシア海軍を創設を急ぎ、「北東航路」の開拓を目指したのである。

「北東航路」の開拓を遺言したピョートル一世

一七二三年、ピョートル一世は海軍大将ウィルスターに二隻の艦船を託し、サンクトペテルブルクを出港させた。艦隊には北海、大西洋、喜望峰を経由してインド洋のマダガスカル島に至って同島を占領し、インドのムガル帝国（一五二六年～一八五八年）まで航行することが命じられていた。

しかしロシアの海洋国家への転身は、決して生易しくはなかった。粗末な船団は出港後間もなく暴風にあって航行不能になり、試みはあえなく失敗に終わる。そのためにピョートルは、「北東航路」とシベリアの先の北太平洋から直接アジアに至る航路の開発を構想せざるをえなくなったのである。

一七二四年、風邪をこじらせた熱病で死を三週間先に控えたピョートル一世は、北極海経由で中国、インドに至る「北東航路」開発の前段として、シベリアの先の海域を調査する「カムチャッカ（大北方）探検」を命じることになった。ピョートル一世は病床から海軍元帥に向けて、次のような訓令を出す。「北東航路」にロシアの未来を託したのである。


私は長い間病室に閉じ込められてきたが、最近は、長年胸中にあって実行できずにいた一つのことを考えている。北の海を下って、中国、インドへの航路を発見することだ。私の前に置かれた地図には、この航路がアニアン海峡の名で記されている。これには相当の理由があるに違いない。最後のヨーロッパへの旅行中に学者たちとこの問題を論じた際、彼らはこの航路を発見できるはずだと述べた。外国との戦争の危険がない今こそ、芸術、科学面での国家の栄光を追求すべきである。航路の発見は難しいかもしれないが、アメリカ海岸沿いにこの航路を探索してきたオランダ人やイギリス人よりは、成功の可能性があるだろう。健康悪化のため、私は以下の指示を記し、その遂行の一切を貴官に委ねる。

ちなみに「北東航路」の出口に当るアジア大陸とアメリカ大陸の間の海峡については、一五六二年にヴェネツィアの地図製作者G・ガスタルディが、地図上に海峡のアジア側を「アニアン地方」と記していた。一五六九年に作製されたオランダの地図製作者メルカトル＊の「世界図」も、北極海を横断して大西洋と太平洋を結ぶ東・西からの航行を可能とし、太平洋への出口の海峡をアニアン海峡と記していた。ちなみに「アニアン」は、マルコ・ポーロの『東方見聞録』の「アニウ」に由来する海峡名であり、適当につけられた地名だった。
『東方見聞録』は「アニウ」について、「住民は偶像教徒で牧畜・農業に従事し、独自の言語を行使する。女は腕や足に高価な金環・銀環をはめている。男も同様であるが、女のものよりは一段とりっぱで高価な腕環・足環である」と記している。多分、同地の豊富な金と銀の情報

＊メルカトル　(1512年生～1594年没)、航海用の地図の図法として、方位が正確な円筒投影法に基づく「メルカトル」図法を確立した。

が注目されたのであろう。しかし「アニウ」は雲南地方の阿寧州を指しており、もともと海洋世界とは無関係な地名である。

シベリア横断が難題だったベーリングの探検

ピョートルの訓令を受けた海軍が探検の指揮官として選んだのが、二十年以上ロシア海軍に勤務していた四十五歳のお雇い外国人、デンマーク人のヴィトゥス・ヨナッセン・ベーリング（一六八一年～一七四一年）だった。背後には、夫の栄達を望むベーリング夫人の奔走があったという。ベーリングが指揮する探検隊には、カムチャッカ半島に赴き、そこで一隻あるいは二隻の帆船を建造して北の海域を探検し、シベリアがアメリカと接する場所の詳細な地図を作成することが命じられた。ベーリングは一六八一年、デンマークに生まれ、二十三歳でロシア海軍に任官した人物である。ピョートルは指令を出した直後、一七二五年一月二八日、波乱万丈の人生を閉じた。

ベーリングの第一回目の探検（一七二五年～一七三〇年）が始まる。北太平洋の探検航海を命じられたベーリングは、五十人（一説では六十人）の隊員と共に、馬車三十三台に大砲、弾丸、帆布、索具、錨、鎖、釘など現地で調達できない造船用の物品を積載し、一七二五年初め、サンクトペテルブルクを出発した。隊員の大部分は軍人、船乗りだったが、船大工、鍛冶工なども加わっていた。探検隊は、北緯六〇度線に沿って一路カムチャッカ半島を目指す。

船を造る木材は現地の森林から無尽蔵に調達できたが、その他の装備については九六〇〇キロ以上のシベリアを越えて輸送しなければならなかった。探検に費やす以上の労力が、物資のシベリア輸送に費やされたのである。シベリア越えの輸送には、約二年の歳月が費やされた。ベーリングの一行はシベリアの約一万キロの悪路を二年もの歳月をかけて踏破し、一七二六年一〇月、やっとのことで十一軒の小屋が立ち並ぶオホーツク港にたどり着いた。隊員のうち一五名がすでに命を落していた。

探検隊はオホーツクで二隻の小船を建造し、オホーツク海を横断してカムチャッカ半島の西岸のボリシェレックに渡り、そこで地元の住民とイヌゾリを徴発した。隊はそこで陸路、海路に分れてカムチャッカ半島を横断し、一七二八年三月、やっとのことでカムチャッカ半島のアバチャ湾*に着いた。サンクトペテルブルクを出発してから実に三年以上の歳月がたっていた。

ベーリングの探検隊はアバチャ湾で約二カ月を費やして全長約一八メートルの小型帆船、聖ガブリエル号を建造。一七二八年七月一三日、ベーリングと四十人の乗組員が一年分の食糧を積み込んだ同船に乗り込み、北東に向けて陸地伝いの航海を開始した。

ベーリングはアジアとアメリカの間に海峡（現在のベーリング海峡）があることを確認したが、霧と風に行く手を阻まれ航海の途中でアバチャ湾に戻り、越冬を余儀なくされた。翌春、ベーリングは、アメリカ大陸を目指す航海を再開する。しかし北緯六七度一八分で、強風と濃い霧に行く手を阻まれてしまう。そのために一行は進路を南に転じ、一八〇〇キロの航海を経てカ

＊アバチャ湾　カムチャッカ半島の南東岸の先端の湾。細い水路で太平洋につながる。

ムチャッカ半島を迂回しオホーツク港に戻らざるをえなかった。

航海の途中でベーリングはベーリング海峡*を既に通過していたのだが、それには気づかなかった。結局は、アジアの海岸線が北緯六七度一八分以南ではアメリカ大陸と陸続きになっていないことを確認しただけに終わったのである。天候さえ良ければ、ベーリング海峡からはシベリアとアラスカの双方が望めたはずなのだが、濃い霧と雨がそれを許さなかった。五年をかけた探検を終えて一七三〇年三月、サンクトペテルブルクに帰着したが、探検は中途半端であるとして、ベーリングは批判の嵐に晒された。現場の労苦は貴族たちの視野には入らなかったのである。

ベーリングの第二回航海

一七三三年、先の探検のリベンジを果たそうとしたベーリングはピョートル一世の後を継いだ女帝アンナ・イヴァノヴナ（在位一七三〇年〜一七四〇年）に大規模な探検計画案を提出し、元老院がそれを承認した。ベーリングを隊長、アレクセイ・チリコフ（一七〇三年生〜一七四八年没）を副官、日本に向かう支隊の隊長をマルティン・シュパンベルク*とし、六〇〇人余りの隊員からなる本格的な探検隊が組織された。参加人員だけを比較してみても、前回の十二倍である。新たな探検の目的は、アメリカ大陸の海岸の発見とアメリカへの航路の開発、対日貿易の可能性の調査、シベリア北方の海域調査だった。

＊**ベーリング海峡**　シベリアのチュクチ半島とアラスカの間の、長さ96キロ、最狭部で幅86キロの海峡。　＊**シュパンベルク**　（生没年不詳）、デンマーク生れの航海者。シュパンベルクの船隊は、1739年に仙台湾や安房の天沢村（現在の鴨川市）にまで南下した。日本史では「天文の黒船」とされている。

第二回の探検（一七三三年〜一七四三年）は、「大北方探検」と命名された。それは前回とは比較にならない体系的な探検事業であり、ドイツ生まれの医師で博物学者のゲオルグ・ヴィルヘルム・ステラー（一七〇九年生〜一七四六年没）をはじめとする数名の科学者も同行した。

探検隊は、一七三七年九月、オホーツク港に到着。周到な準備が重ねられた後、一七四一年九月、オホーツク港で船長二四メートル、幅六・六メートル、十四門の大砲を装備した二本マストの帆船が二隻建造され、探検が開始された。二隻の船とは、ベーリングが率いる聖ピョートル号と副官のチリコフが率いる聖パーベル号だった。探検計画では、二隻が船団を組むことになっていた。

ベーリングが携えた地図には、エゾ（北海道）の先にステートラント（オランダ国の土地の意味）があり、その先にガマランド（アメリカと陸続きであればガマ州）があり、さらにその先にアメリカ大陸があるとされていた。かつてオホーツク海を探検したオランダ人航海士のフリース*は、千島列島のウルップ島をアメリカ大陸の一部とみなして「カンパニーラント」、つまり東インド会社の土地とみなしていた。ベーリングの航海では、カンパニーラントの北にガマランドがあると考えられ、その謎を解き明かすことが目的とされた。

両船は、オホーツク港を横断してカムチャッカ半島の西岸に至り、探検の拠点となるカムチャッカ半島東岸のアバチャ湾を目指した。一〇日間も続く激しい嵐に翻弄されながらアバチャ湾に入った両船は、そこで越冬する。アバチャ湾の小さな村は、聖ピョートル号と聖パーベル

＊フリース　（？年生〜1647年没）、オランダ東インド会社総督の命を受け、日本の東方沖にあるとされた金銀島を探索。樺太沖の北緯48度50分まで至る。エトロフ島とウルップ島の間の海峡を、誤ってアジアとアメリカを分ける海峡と判断した。

号の名をとって「ペトロパブロフスク」と命名された。ペトロパブロフスク港は、太平洋に面するカムチャッカ半島東岸の軍港ペトロパブロフスク・カムチャッキーとして、現在に至っている。

ちなみに『日本幽囚記』の著者ゴローニン（一七七六年生～一八三一年没）は、約七十年後にディアナ号でペトロパブロフスク港に寄港したが、同港について守備隊所属の粗末な倉庫が間に合わせに建てられているだけで、外部からもたらされた物品を収容する建物などは一つもないと記述している。

カムチャッカ半島のペトロパブロフスク港

一七四二年六月二四日、ベーリング以下七十七人が乗り組む聖ピョートル号とチリコフ以下七十五人が乗り組む聖パーベル号はペトロパブロフスク港からアメリカ大陸探査の航海に出た。ところが両船は、出港の数日後に濃霧と嵐のために僚船を見失ってしまう。

ベーリングが率いる聖ピョートル号は、アラスカ湾のカディヤク（現コディアック）島*、アトハ（現アトカ）島に達し、帰路にアリューシャン列島*を発見した。

＊コディアック島　アラスカ本土とはシェリホフ海峡で隔てられたアラスカ最大の島。アメリカ合衆国の島でもハワイ島に次いで大きい。当時、ロシア領アメリカの中心。　＊アリューシャン列島　アラスカ半島の先からカムチャッカ半島にかけて約1930キロに渡って弧状に延びる列島。西部にアッツ島、キスカ島がある。

それに対してチリコフが率いる聖パーベル号はアリューシャン列島を発見し、南東アラスカのアディントン岬に至った。チリコフの航海は、七十五人の乗組員のうちの二十六人が死亡するという厳しいものであった。

ロシアでは、その後もヨーロッパ側とオホーツク側から「北東航路」の探査を行うが実らなかった。しかしシベリアを迂回する「北東航路」開発の試みは、現在にまで引き継がれている。

ベーリング隊が偶然に発見したラッコ

ベーリングの第二回の探検では、本格的な「アニアン海峡」の探索が進んだ。ベーリングが率いる聖ピョートル号はアリューシャン列島沿いに北進し、チリコフの艦隊に一日遅れでアメリカ大陸に到達。アラスカのセント・エライアス山（標高五四八九メートル）を遠望した。船はさらに東に進み、飲料水を得るためにカヤック島に上陸し、先住民の居住の痕跡を発見する。しかし、生野菜不足からくる壊血病が乗組員の間に蔓延し、止む無くベーリングは進路を南にとりペトロパブロフスクに帰帆することにした。

聖ピョートル号は逆風をついてアリューシャン列島に沿って進むが、強い逆風を受けて先に進めず、後に「ベーリング島*」と呼ばれるようになる無人島が視界に入った時には、既に十二人の乗組員が死亡、三十四人が壊血病で全く動けず、操船できる者はわずかに十人という心細い状態になっていた。飲料水がほとんど底をついていたこともあり、その島で風波を一時避け

*ベーリング島　カムチャッカ半島の東のベーリング海にあるコマンドルスキー諸島で最大の島。霧に閉ざされることが多い。

ベーリングの第2回探検

ることが決断された。

ところが乗組員の一部が上陸した後、大風を受けて聖ピョートル号の錨綱が切れ、船が岩に激突して航行不能に陥ってしまう。ペトロパブロフスク港まであと七日、約二〇〇〇キロを残す地点でのことだった。

事故のため聖ピョートル号の生存隊員は、全員上陸を余儀なくされた。穴居生活をしながらの越冬をすることになる。しかし無人島での越冬は、航海以上の試練だった。厳しい寒さ、飢え、壊血病により、三十人以上の隊員たちが次々と息をひきとった。先任士官スヴェン・ワクセルの日記は、悲惨な状況を次のように記している。

隊員たちは次から次に死んでいった。悲惨な情勢は次第に増大して、死んだがさいご、今まで住んでいた洞窟にそのまま放置されなければならなかった。誰もそれを運び出す者もなければ、また、同じ洞窟にまだ生きている者があっても、自身そこから身を引いて移れるところもなかった。この人々は、洞窟の中心に、ささやかな火を焚いて、そのまわりをかこんでいるのであった。そうして、お互いに死んでしまわないように警戒しあっているほかには、方法がなかったものである。

悲惨としか、形容しようのない苛酷な越冬だった。そうしたなかで、ベーリングも漂着の七日後の一七四一年一二月八日の早朝、「寒い、寒い」と言いながら、壊血病により地下小屋で六十歳の人生の幕を下ろした。ワクセルはその状態について、次のように記している。

彼は生きながら半身はすでに埋葬されていたというだけで十分である。半身土に埋められたとはいうものの、まだいくらでも掘り出してあげることはできたのであるが、総司令自身口にしていた「まあ、土の中に、もっと深く納まっていさせてください。そのほうがわたしは、まだ暖かになれるのです。わたしのからだは、土から出ている部分のほうが寒くてたまりませんよ」という希望をかなえてあげるしかなかった。この状態は実に言うに忍びないものではあったが、最初彼の置かれた洞窟内の砂穴は、そのまわりから砂が少しずつ崩れ落ちて、穴の半ばまで埋められた時に、彼の下半身は土中に埋没してしまったのであった。

ベーリングが息を引きとった島は「ベーリング島」、同島を含む列島はコマンドルスキー（ロシア語で、「隊長」、「指揮官」の意味）諸島と命名された。コマンドルスキー諸島は、ベーリング島を主島とする列島で総面積は一八四八平方キロ（沖縄本島の約一・五倍）である。ベーリングの名は、ベーリング海、ベーリング海峡などとして現在に引き継がれている。

島の苛酷な生活に耐え辛くも命を永らえた隊員たちは、冬を越すと、翌年の八月までかかって難破船を解体して「ベーリング号」という小船を建造し、やっとの思いでペトロパブロフスク港に生還した。

ところが、ベーリングが生涯を閉じた酷寒の島は、偶然にもクロテンよりも高品質の毛皮を持つ海獣ラッコの一大繁殖地だった。シベリアのクロテン、カナダのビーバーの毛皮交易が行き詰まっていた時に、偶然にも素晴らしい毛皮を持つラッコの豊かな存在が明らかにされたのである。それは毛皮商人にとっての朗報であり、森林に代わって北太平洋沿岸が新たな毛皮のフロンティアとして登場する契機になった。毛皮交易の新たなフロンティアが、極寒の孤島から拓かれることになる。

聖ピョートル号に船医として乗り組んでいたドイツ人の博物学者ステラーは、島で採集した植物の汁で多くの乗組員の命を壊血病から救ったが、それだけではなく越冬中にラッコの生態についての詳細な記録を残した。また乗組員たちが、肉を食糧にするために捕獲したラッコの毛皮八〇〇枚、北極ギツネ、オットセイなどの毛皮もペトロパブロフスク港に運ばれた。ステラーたちが「ベーリング島」から持ち帰ったラッコの毛皮が、高品質であることが話題を呼んだ。ラッコの毛皮を売り捌けば、探検に要した費用の四分の一を賄えるとまで考えられたのである。

森でクロテンを捕獲するのは大変だが、海中でケルプ*（海草）の林に群居しているラッコは一網打尽にすることができる。ベーリング島からアリューシャン列島にかけての海域に、ラッコの毛皮を求める毛皮商人の毛皮猟船（プロミシュレニキ）が次々と押し寄せることになった。

2　世界最後の毛皮ラッシュ

「ラッコの海」に殺到した毛皮商人

ベーリングの探検を踏まえ、ロシア皇帝はアラスカの領有を宣言した。ロシアの支配領域が、新大陸の北方圏にまで及んだのである。しかし、アラスカの経済的価値は、何よりもラッコの毛皮にあった。「北東航路」探索の副産物として発見された「ラッコの海」が、シベリアとア

＊ケルプ　カリフォルニア沖からアラスカに至る太平洋に繁茂するオオウキモ（ジャイアント・ケルプ）などの巨大な海藻。一月で50センチ近く成長することがあり、時には長さが50メートルにも達する。

ラスカを結び付けたのである。

ステラーがベーリング島からもたらしたラッコの毛皮は、ロシアでは未だ知られていない毛皮であり、最初は「カムチャッカ・ビーバー」と呼ばれた。しかし毛皮の質の高さはたちまち人気を呼び、高額で取引されるようになった。ラッコの毛皮が、衰退期に入っていたロシアの毛皮交易を支えることになる。

ラッコの毛皮は、そのほとんどすべてが清の高官に売りさばかれた。中国東北部の森林地帯から出て中国を征服した女真人はもともとは毛皮交易に従事していた民族であり、クロテンをステイタス・シンボルとみなしていた。ロシアのクロテン市場は、明代以降すでに中国の比重を高めていたのである。

ラッコの毛皮はまもなく、クロテンに代わって露清国境のキャフタ貿易の主力商品となった。ラッコの毛皮は、キャフタからラクダの背に乗せられ、ゴビ砂漠を越えて二〇〇〇キロ離れた北京へと運ばれたのである。清の高級官僚の旺盛な需要が、ラッコ猟を一七九〇年代以降、急激に拡大させる。

ロシア人がラッコ猟に乗り出した時、カムチャッカ半島からアラスカ半島の間に横たわる大小約三〇〇の島々からなるアリューシャン列島には、無数のラッコが群居しており、列島北部の繁殖地には、何百万頭ものオットセイが群棲するコロニーもあった。ロシア人は、アリューシャン列島からベーリング海峡を渡ってアラスカへ、南の千島列島へと、ラッコを求めて進出を続ける。

最初にラッコ交易で成功したのは、カムチャッカ半島のニジニカムチャッカ要塞の守備隊長パソフだった。彼は、一七四三年、モスクワの商人の協力の下に新船を建造してベーリング島に赴き、大量のラッコの毛皮を獲得した。一説によると、ラッコの毛皮一万二〇〇〇枚、北極ギツネの毛皮四〇〇〇枚に及んだという。パソフの隊には、ベーリングの探検を経験した隊員二人が加わっていた。

パソフがラッコの毛皮取引で大成功したという情報が広まると、一獲千金を求めて毎年のようにラッコの狩猟船がベーリング海に赴いた。その数は、『ロシアの拡大と毛皮交易』によると、一七七〇年までに約五十隻とされる。「ゴールド・ラッシュ」ならぬラッコの狩猟ラッシュの始まりだった。それは、手付かずの自然が残された北太平洋の資源の略奪の開始であり、見方を変えれば「ラッコ受難の時代」の始まりだった。

シベリアの毛皮集散地、対清貿易の中心地イルクーツクの毛皮商人たちも、競ってベーリング海に船を派遣する。

ラッコの毛皮猟の前線は、コマンドルスキー諸島のラッコを取り尽くすとアリューシャン列島に移り、さらに東のアラスカへと移動した。

当時の狩猟船は、狩猟業者が船を建造あるいは購入して出資者を募り、出資者はその額に応じて獲得された毛皮の分配を受けることになっていた。出資者は、また出資額に応じて労働者を集める義務も負った。出資者は毛皮の半分を、自分が徴募した労働者に分配したのである。狩猟船を派遣する会社は一航海毎に解散した。ちなみに会社には、最大の出資者の名が冠されるのが常だった。

一七七〇年代になるとラッコの毛皮の狩猟・交易に携わる会社が、イルクーツクに三十以上存在した。毛皮商人は、一七四三年から一八〇〇年の間に一〇〇回以上のラッコ猟の船を出し、八〇〇〇万銀ルーブル以上の収入を得たとされている。

ラッコの毛皮が最良とされた理由

ラッコは、現在の動物園・水族館でも大の人気者である。餌《えさ》のウニ、貝、カニなどを食べる際に仰向けになって腹の上に平らな石をのせ、それに貝などを強く打ち付けて割る剽軽な仕草で知られている。また、頻繁に行う毛づくろいも、愛くるしい。観客は、「何てグルメなのでしょう」、「何てかわいくて、何て清潔好きなのでしょう！」と言って、目を輝かせる。しかし、一般的にラッコの生態については、無理解である。

寒い海域で生活するラッコは、オットセイ、アザラシ、トドなどの鰭脚類《ききゃくるい》ではなく、食肉類のイタチ科の動物である。つまり、ラッコはもともとは陸のイタチ、カワウソの仲間で、約一〇〇万年前に、生活の場を餌が豊富に得られる海に移したのである。そのために、カワウソが長い尾をしなやかに波打たせて泳ぐのに対して、ラッコは水掻《みずか》きのある後足を煽って泳ぐという違いが生じた。

先に述べたようにロシア人はラッコを「海のビーバー」とみなしたが、ラッコは嚙歯類《げっしるい》のビーバーとは違う食肉類であり、イタチ・カワウソの仲間だったのである。

「ラッコ」という呼び名は、花を意味する「ノンノ」などと同様に、アイヌ語起源とされる。漢字では「臘虎《ろうこ》」、「海獺《かいだつ》」、「海臘《かいろう》」などと記されるが、全て当て字である。英語では、Sea Otterと呼ばれる。

ラッコについての生物学的報告はステラーの報告が最初であり、その報告に基づいて博物学者リンネによりエンヒドラ・ルトリス（Enhydra lutris）という学名がつけられた。ギリシア語で、カワウソを意味するエヌドリス（Enhudris）に由来する。

ラッコの体長は、一メートルから一・四メートル、体重は二二キロから四四キロ（カワウソは、体長六五センチから八二センチ、体重六キロから七キロ）しかなく、さほど大きな海獣ではない。

厳寒の地で生活する動物は厚い皮下脂肪により寒さから身を守るのが普通だが、もともと陸生動物だったこともあって、ラッコは厳寒の海に棲息する動物にしては皮下脂肪の層が薄い。グルメにもかかわらず、スリムだったのである。そうしたラッコの生物学的特性が、中国の官僚やヨーロッパの貴婦人たちを魅了する密生した毛皮を生み出す秘密だった。

厳寒の海で、ラッコが三七度の体温を維持しながら生き抜くためには、体毛が密生していることと、体毛の中に断熱のための空気を多く含ませることが必須条件になった。

ラッコの毛皮は、ビーバーの毛皮と同じように太く長い上毛と綿のような柔らかい下毛からなっており、一つ毛穴から一本の上毛と約七〇本の下毛が生えている。ラッコが盛んに毛づくろいをするのは、ラッコがおしゃれだからではなくて、絶えず断熱用の空気を毛皮に送り込むためである。

ラッコの毛皮は、断熱材の役割を果たす空気を常に取り込み、長期間にわたり保存することができるように密度の濃い綿毛からなっていた。一頭のラッコの毛皮は、大体八億本から一〇億本の綿毛からなると推定されている程である。その密度は、一平方センチ当たり一〇万本から一四万本ということになる。世界中に、ラッコの毛皮以上に、毛が密生している毛皮は存在しないのである。

ラッコの毛皮は、毛並みが良いだけではなく、丈夫で防寒性、防水性にも富んでいた。その毛皮は黒に近い褐色で柔らかく、密生した下毛と毛先が銀色の粗い外毛が特色になっている。

ラッコの毛皮は柔らかくて、手で撫でるとどちら側にも自然になびくという優れた特性があった。一六〇三年、イエズス会により長崎で出版された『日葡辞書《にっぽ》』にはラッコの項目があり、「手で撫でると、どちらへでもなびくような毛を持った海の獣の一種」と記されている。

説明の例文としてRacco no Cauano youna Fitigia（ラッコの皮のようなひとじゃ）という文が収められていて、「あの人は容易に誰の意見にでも傾き、どちらの側にもなびく人である」という注釈が付されている。「八方美人」の語を表現する譬《たと》えとして、ラッコの毛皮が引用されているのである。

ラッコを理解できなかった日本人

「ラッコの海」に接してはいたものの、温暖な本州に中心を置く日本では、北方海域の毛皮獣に対する関心が薄かった。本州以南での毛皮獣ラッコへの知識は、極めて乏しかったのである。

ラッコの毛皮というと、一六一五（元和元）年に、松前藩主が徳川家康に献上した毛皮が有名だが、千島列島のウルップ島*に棲息するという情報があっただけで、見た者はおらず、入手はもっぱら千島アイヌとの交易に限られていた。一六三一（寛永八）年には、黄鷹、昆布などとともにラッコの毛皮が、松前藩から幕府に献上されたという記録があり、一七九三（寛政五）年にも松前藩が、将軍家斉にラッコの毛皮三張を献上している。ラッコの毛皮の献上は、稀にしか行われなかったようである。

江戸時代中期に編纂された日本最初の百科事典『和漢三才図会』は、ラッコについて陸の上を疾ぶように走る動物として、次のような不確かな説明をしている。そうしたことからも、日本ではラッコがほとんど理解されていなかったことが分かる。

思うに、猟虎（ラッコ）は蝦夷島の東北の海中に猟虎島という島があり、そこに多くいる。常に水に入って魚を食べ、あるいは島にのぼって走り廻るが、飛ぶように疾く走る。大き

*ウルップ島　千島列島中央部、エトロフ島の北に位置する、千島列島で４番目に大きな火山島。ラッコの棲息で知られ、「ラッコの島」とも呼ばれる。島名はアイヌ語で「紅鮭」を意味する「ウルップ」に由来する。

さは野猪ぐらいで頚は短く、猪頭に似ている。脚は短い。島人は皮を剥ぎ蝦夷人のくるのを待って交易する。毛皮は純黒で大変柔軟で、左右どちらからなでてもなだらかで逆毛にならない。黒毛の中に白毛が少し交ざっているものがある。これは官家の褥とする。その美しさはこれに比すものがない。価も最も貴重である。その生きた全体の姿を見た者はいず、皮の形からその姿を想像するだけである。毛皮は長崎へ送られ中華の人が争ってこれを求める。（……）

蝦夷地（北海道）を支配した松前藩もラッコ猟には関心を持たず、アイヌとの交易でたまに毛皮を入手するのみであり、ウルップ島（猟虎島、得生島）がラッコの棲息地という情報は得ていたものの実見することはなかった。『和漢三才図会』には、ラッコは四本足で陸上を飛ぶように疾く走り回るとあり、海中での生活に適応して後足がヒレになっている実際とは、大きく異なっていた。
日本人は、「ラッコの海」の近くにいながら、ラッコについては全く無関心だったのである。ロシアの毛皮文化と日本の魚文化の違いが、根底にあるように思われる。

氷海での一網打尽

ラッコは、北の海の海草が繁茂するケルプの森に数百頭から千頭位が群れをなし、貝類、ウニ、カニ、ヒトデ、タコ、イカなどを食べて生活していた。ラッコ猟の利点は、森に潜むクロテンなどとは異なり、群れが目視できることだった。荒れた海という条件、嗅覚が鋭いというラッコの特性を除けば狩猟が格段にやりやすく、うまく群を発見できれば一挙に大量の毛皮を手にできた。ラッコ猟は、まさに「濡れ手で粟」だったのである。
ロシアの毛皮商人たちは、北の海に今までみられなかった高価な毛皮が過剰に存在することを知ると、先を争い殺到した。ロシア商人だけではなく、ロシアとオスマン帝国の貿易を仲介していたギリシア商人までもがラッコ猟に進出する。ラッコ情報が伝えられると、北アメリカでのビーバーの毛皮交易に行き詰まっていたイギリス人、アメリカ人もラッコに群がり、次々に北太平洋の猟場に参入した。シベリアとアメリカの毛皮猟、毛皮交易が行き詰まっていた状況下で、シベリアと北アメリカの中間の北太平洋のラッコに毛皮交易の将来が賭けられたのである。

当時、ラッコの毛皮は、カムチャッカ半島では一枚二〇ルーブルから四〇ルーブルだったが、露清国境の交易場キャフタで清人に売る時には、六〇ルーブルから七〇ルーブルになったとされる。

一七五七年、フィッツ号という船は一航海でラッコ四五〇〇頭を撃ち、他の毛皮と合わせて三五万ルーブルもの巨大な収入を得たという。プリビロフという毛皮商人は、アリューシャン列島の北の自分の名を冠したプリビロフ諸島を発見して八年間とどまり、ラッコの毛皮二七二〇枚、オットセイの毛皮三万一一五〇枚、北極ギツネの毛皮六七九四枚を持ち帰ったとされる。一七四七年から一八〇一年の間に、実にラッコ一八万六七四五頭が捕獲され、その毛皮が高額で売却された。ラッコは、短期間に凄まじい乱獲がなされたのである。

ラッコの毛皮の大得意だった清朝官僚

ベーリング海や北太平洋で獲得されたラッコの毛皮の得意先になったのは、世界中から銀を流入させて莫大な富を有した清だった。ラッコは、東シベリアを介してベーリング海、アラスカと清を結ぶネットワークをつくり出すことになる。

クロテンなどの従来の森の毛皮とは異なり、ラッコの毛皮の大部分は「東」の清に向かって流れた。ただ清の貿易は政府の管理下にあり、ロシアは内陸部のキャフタ、イギリスは広東というように交易地が限定されていた。交易が統制されていたのである。

ラッコの毛皮の交易は一七四〇年代から一八二〇年代までの約八十年間が最も盛んだったが、その時期は清の乾隆帝《けんりゅうてい》（在位一七一一年～一七九六年）と嘉慶帝《かけいてい》（在位一七九六年～一八二〇年）の治世だった。乾隆帝の時代は清の最盛期で、豊かな財政を背景に周辺地域への軍事征服が繰り返された。内・外モンゴル、青海、チベット、さらには「新疆」を支配下に組み入れ、朝鮮、ビルマ、ベトナムを従属国とし、タイやラオスにも朝貢させた。乾隆帝の時代には、秦の始皇帝に始まる中華帝国の支配領域が、史上最大の規模に達したのである。

しかし乾隆帝の時代は、腐敗した高級官僚が奢侈的な生活により帝国財政を食いつぶした時代でもあった。建国後、半世紀が経過する中で女真人官僚の綱紀は緩み、奢侈と腐敗が急速に広がった。もともとユーラシア北方圏に属する満州（中国東北部）出身の女真人官僚の奢侈品はクロテンの毛皮だったが、新たにラッコの毛皮が登場すると毛皮の玄人、女真人官僚のステイタス・シンボルとして持て囃されることになった。

清の最盛期、乾隆帝時代の官僚の腐敗ぶりを物語るのが、満州八旗の軍人出身の高官、和珅《わしん》*の恐るべき所業である。好男子ぶりが乾隆帝に気に入られてスピード出世し、戸部尚書、議政大臣、軍機大臣の地位につき、帝の娘の子を嫁にした和珅は貪欲にワイロを貪り、ただでさえワイロが横行する官界を汚職し放題の状態に陥れた。

後ろ盾の乾隆帝が没した後、目に余る和珅の所業が白日の下に晒され、嘉慶帝は二〇の大罪を列挙して和珅に自害を申し付けた。その際に没収された黄金一五〇万両を含む和珅の財産は、清朝の歳入の約十五倍に達したという。

ワイロは、上級官僚から地方役人にまで及んだために、官僚の不正利得は想像を絶するほど巨額だった。アブク銭を溜め込んだ官僚が奢侈に走るのは自然の勢いであり、ラッコの毛皮の巨大市場ができあがったのである。

＊和珅　(1750年生～1799年没)、乾隆帝（けんりゅうてい）の輿（こし）の担ぎ手から出世、懐刀（ふところがたな）の立場で賄賂を取り、当時の世界一の富豪となった。

3　十八・十九世紀の大規模な自然破壊

ラッコの大量殺戮

クロテンの毛皮交易で行き詰まっていたロシアの毛皮商人が次々とラッコ猟に参入した結果、コマンドル諸島からアリューシャン列島、アラスカ沿岸、そして千島列島というように、ラッコの猟の場が広がった。

その結果、十七世紀には数十万頭は棲息すると推測されていた北太平洋のラッコは、急速にその数を減少させた。貪欲な欲望が、愛らしいラッコを取り尽くし、絶滅寸前に陥れたのである。一〇〇年間に三〇万頭のラッコが捕獲されたという説もある。殺戮されたのは、ラッコだけではない。アリューシャン列島の北のプリビロフ諸島の数百万頭のオットセイも、二〇年間でその九割が殺害された。アメリカ西部の大平原のバイソン（別名、バッファロー）も、ほぼ絶滅してしまう。十八世紀、十九世紀は凄まじい勢いで自然破壊が進行し、野生動物の生命が奪われていく野蛮な時代でもあったのである。

一九一一年、日・英・米・露の四カ国の間にラッコ・オットセイ国際保護条約が締結されたが、その時点で北太平洋のラッコは、十一の群、二〇〇〇頭位にまで激減してしまっていた。ラッコは、約一七〇年間に及ぶ乱獲で絶滅寸前にまで追い詰められたのである。ちなみに最初にその存在が明らかになったベーリング島のラッコなどは、ステラーがラッコの毛皮を持ち帰った一〇余年後の一七五六年には、全てが取り尽くされてしまっている。

短期間で姿を消した北の「人魚」

ベーリング島だけに棲息した巨大な人魚、ステラーカイギュウ（海牛、和名ステラーダイカイギュウ）も、ラッコの毛皮に引き寄せられた荒々しい人間の欲望により、アッという間に絶滅した。ラッコ猟に乗り出した荒くれ男たちは、食糧としてステラーカイギュウを殺戮し、短期間のうちに一つの種を地球上から抹殺してしまう。ステラーは、ベーリング島で体重六キロの大型鳥「メガネウ」も発見したが、メガネウも一八五二年頃には絶滅した。ベーリング海は自然の宝庫だったのである。

そうした現象は、十九世紀に地球上の各地で見られた。アメリカ西部のバイソン（バッファロー）が象徴するように、大規模な野生動物の殺戮が進められた。ベーリング島で発見されて間もなく絶滅したステラーカイギュウも、そうした不幸な野生動物の一つである。氷海でステラーカイギュウは、人目に触れることも少ないままに、葬り去られたのである。

ベーリングの第二次の探検に参加した博物学者ステラーは、ラッコとともにベーリング島の浅瀬に群居していた巨大な海獣ステラーカイギュウの発見者としても知られている。ベーリング島からカムチャッカに帰還した際に、ステラーの一行は塩漬けにしたステラーカイギュウの肉を持ち帰った。
ステラーカイギュウは、体長一〇メートル、重さ一〇トンにも達するジュゴンの仲間で、海草類を食べるおとなしい動物だった。その肉には臭みがなく、美味だったという。南半球のジュゴン、マナティなどはしばしば人魚と間違われるロマンに満ちた海獣だが、霧に閉ざされた未知の海、ベーリング海にも一〇メートルにも及ぶ「肥満体の人魚」が驚くほど多数棲息していたのである。

ステラーカイギュウ

最初にこの巨漢の人魚の群れを見たとき、ステラーはわが目を疑ったことであろう。ステラーは、ステラーカイギュウについて大略次のように記している。

ベーリング島とコマンドル諸島の入江、河口にはステラーカイギュウが無数に見られる。ステラーカイギュウは、浅瀬に繁る海草を食べる海獣で、終日牛のような動作で海草を食べている。十頭から二十頭位が群れをなし、呼吸のために四、五分間隔で海上に浮き上がる。人間を少しも恐れず、岩の上から棒でその巨大な背中を叩くこともできる。

海牛は仲間に対する同情心が強く、仲間が傷つけられるとその周囲に集まって泳ぎ回り、時には仲間を助けようとする。自分たちは、一七四二年五月からステラーカイギュウ狩りを開始した。太い綱をつけたモリを固い背中に打ち込んで浜に引き上げ、太い血管を切り開いて多くの血を流出させて殺したのである。


ステラーは、無数のステラーカイギュウの群れが島の周囲で一年中観察でき、その肉や脂を食用に当てても、その数は減ることはないだろうと報告している。一〇〇〇頭を優に越える巨大な海獣を取り尽くすなどということは、とてもできることではないと考えたのである。ある学者は、ステラーカイギュウがかくも多数棲息し得た理由について、ラッコが海草を食べるウニ類を餌としたために、餌となる海草類が豊富に繁茂したからではないかと推測している。ラッコとステラーカイギュウは、共生関係にあったというのである。

しかし、ラッコよりも早いスピードでステラーカイギュウは、絶滅の道をたどった。おとなしいステラーカイギュウは、コマンドル諸島、アリューシャン列島に殺到したラッコ狩猟者の食料にされてしまったのである。乱獲によりステラーカイギュウは、発見されてからわずか二十七年後に絶滅した。ステラーカイギュウは、一七六八年に確認されたのを最後に姿を消したのである。

一八八三年にベーリング島の調査を行ったアメリカ国立自然史博物館のスティネゲールは、ステラーが発見した当時のステラーカイギュウの頭数を一五〇〇頭程度だったと推定している。

4　ラッコ猟に利用された「海のハンター」

ロシア人が見出した氷海の猟師アリュート人

次にラッコ猟がどのような方法で行われたかについて見ていくことにする。ステラーがラッコの大量棲息の情報をもたらした当時、北海道の東北の端から千島列島、カムチャッカ半島、コマンドル諸島、アラスカ、北アメリカ西岸に沿ってバハカリフォルニア*までの沿岸部には約三〇万頭程度のラッコが、一〇〇〇頭から二〇〇〇頭位の群れをなして棲息していた。しかし、実際のところ、正確な棲息数は不明である。

ケルプで群れて生活する習性があるラッコは、オオウキモ、コンブなどの海草が生い茂る場を「ケルプ・ベッド（寝床）」としたが、いかだ（ラフト）になぞらえられることが多かった。多数のラッコが、海上に浮かんでいる姿が「いかだ」のように見えたのである。

そのため、熟達した海獣の狩猟者ならばラッコの群を一網打尽にすることは可能だった。し

＊バハカリフォルニア　メキシコの最西北部、アメリカ合衆国のカリフォルニア州に接する。バハカリフォルニア半島を主要部とする。コロラド川、カリフォルニア湾より西の地域名。

かし、荒れた海に不慣れなロシア人にとってそれは極めて困難な作業であり、「北海のハンター」アリュート人が利用されることになった。

アリュート人が住むアリューシャン列島は、一〇〇余りの島が東西二〇〇〇キロにわたって連なる列島であり、比較的大きな島は東部に集中している。列島は霧の多い火山列島であり、年間を通じて強風が吹くために木は生えていない。アリューシャン列島より悪い気象条件の地域は世界中どこにもない、と言われるほどの苛酷さであった。列島の平均気温も、摂氏五度と低い。

しかし、列島の沿海地域は、海草、魚類、貝類、鳥類、アザラシ、トド、ラッコなどの海獣に恵まれ、多くの流木が流れ着いた。列島の住民アリュート人は、アザラシ、セイウチなどの狩猟、海鳥の卵の採取などで生計をたてた。彼らは、半地下式の大きな住居に居住し、場合によっては四〇家族が一緒に生活するケースもあった。

アリュート人はカヤックという獣皮製の船に乗り、荒れる海で海獣を狩猟する熟達した海のハンターだった。陸の狩人のロシア人にとっては、荒れる海でカヤックを操り、ラッコ目がけてモリを打ち込むなどということはとてもできない相談だったのである。

そこでロシア人は、もっぱらアリュート人にラッコの狩猟を強制し、毛皮を集めざるを得なかった。十九世紀初めには、毎年、春先から夏の猟が可能な期間に、二〇〇〇人程度のアリュート人がラッコ猟に駆り出された。ロシア人は、かつてシベリアで行ってきたように、アリュート人をロシア正教に改宗させてロシア臣民とし、ラッコの毛皮をヤサーク（毛皮税）として徴収した。ロシア人は、猟に必要な資材、銃、弾丸、食糧、タバコなどを提供し、その妻や子供を人質に取ってラッコ、アザラシなどの毛皮獣の狩猟を強制した。また毛皮商人は、煙草、ガラス玉、ナイフなどの安価な日用品、皮船に張るための皮革などと引き換えに、ただ同然の価格でラッコの毛皮を手に入れた。

ロシア人の苛酷な支配に不満をもって抵抗に立ち上がるアリュート人もいたが、そうしたアリュート人は見せしめのために容赦なく殺された。厳しい労働と弾圧、疫病の流行でアリュート人の人口は、四〇年間に三分の一に減少してしまった。

アリュート人によるラッコの捕獲法

ラッコ猟は、五、六隻のカヤックによって沖合で進められた。しかしラッコは、嗅覚が鋭く、賢い動物であり、多くのハンターが協力しなければ捕獲が不可能だった。

ハンターは最初は横一列になってラッコの群を探したが、ラッコを発見すると目印として櫂を頭上に掲げ、残りのカヤックがその周辺に集まった。ラッコは五分から六分の間だけしか水中に止まることができず、呼吸のために水面に浮かび上がってこざるを得ない。そこがハンターの狙い目になった。

ラッコが浮かびあがると、一番近いカヤックに乗ったハンターが櫂をあげ、その回りを他のハンターのカヤックがまた取り巻く。それを繰り返して、ラッコが疲れて潜水時間が次第に短くなったところで、投槍器にセットした離頭モリがラッコめがけて投げ込まれた。

ラッコは、同じ大きさの陸上の哺乳類の約二・五倍の肺を持っているが、中途半端な息継ぎを何回も繰り返すうちに疲れ切ってしまうのである。命中すると抜けないようにそりかえしがつけられたモリが命中するとモリは柄から離れた。柄とモリは四、五メートルのヒモで結ばれており、ラッコが疲れきったところで海上に浮遊する柄とともにラッコがカヤックに引き上げられたのである。

時には岩礁にあがっているラッコを、棍棒で狩猟することもあった。しかしそれは、海がシケている時に限られた。カヤックに乗って岩礁に近づくのは、極めて危険だったからである。

ラッコの猟場が移ると、アリュート人も移動させられた。南アラスカのシトカ島でも、サンフランシスコに近いフォート・ロス*でも、千島列島でもアリュート人が使役されたのである。

ロシア人がアリューシャン列島を発見した時、列島には一万六〇〇〇人から一万七〇〇〇人（あるいは二万人から二万五〇〇〇人とも言われる）のアリュート人が居住していた。アリュート人は、アイヌが「人間」の意味で自らを「アイヌ」と称したように「ウナンガン（人間）」と称していた。

アリュート人の「足」となったカヤック

＊フォート・ロス　1812年にオットセイ捕獲などのために露米会社がサンフランシスコ北方に建設した大規模な基地。1841年にアメリカ人の開拓者に売却された。

アリュート人は、「カヤック（アリュート語ではイクヤフ、ロシア語ではバイダルカ）」と呼ばれる軽量の皮張りの小船を巧みに操って陸地から遥かに離れた海洋に赴き海獣の狩猟を行った。最近は川でも海でもカヤック競技が盛んだが、カヤックはもともとは北の荒れた海での航行用に工夫された船だったのである。

カヤックの大きさは小さいものでも、四メートルはあったが、流木とクジラのヒゲで竜骨とし、四、五頭分のトドの皮を外側に張って作られた。カヤックは復元力を持つように設計されており、荒れた海で転覆しても沈まないようになっていた。カヤックは、ベーリング海に合った便利な乗り物だったのである。

カヤックという乗り物を最初に日本に紹介したのが、大黒屋光太夫《だいこくやこうだゆう》（一七五一年生～一八二八年没）である。一七八二（天明二）年一二月、伊勢の白子浦から紀伊藩の廻米《かいまい》＊などを積み込んで江戸に向けて出港した千石積みの神昌丸は駿河国の沖合で激しい北西風を受けて遭難し、翌年の七月二〇日、アリューシャン列島の小島、アムチトカ島に漂着した。船頭の大黒屋光太夫を初めとする乗組員は、その極寒の地で四年余の生活を強いられた。

その後、彼らはカムチャッカ半島のニジニカムチャッカ、オホーツク、イルクーツクを経て首都のサンクトペテルブルクで女帝エカテリーナ二世（在位一七六二年～一七九六年）に謁見。オホーツク経由で遣日使節ラクスマンに伴われ帰国する。

一七九三（寛政五）年九月一五日に光太夫は、吹上御殿で将軍、幕閣に自からの体験を話した。

＊廻米　江戸時代に諸国の年貢米や商業用の米を大阪や江戸に廻送した。その米穀が廻米である。

御殿医の桂川《かつらがわ》甫周《ほしゆう》が大黒屋光大夫の言を記録したのが、『北槎聞略《ほくさもんりやく》』*である。光太夫の観察眼は確かであり、興味深い。彼はカヤックについて、次のように述べている。

又皮舟あり。マイタルカといふ。長さ二間計幅三尺余。骨をば木にて組たて、その上に牛馬或いは海驢《とど》の皮を袋のごとく縫合《ぬいあわ》せてこれを裹《つつ》み、正中《まんなか》に円《まる》く孔《あな》を穿《ほり》、其内に立て腰より上を出し、両頭のカイをもちて左右に水をかき行《ゆく》なり。又水の入ざる為に孔のまはりにさる巾着《きんちやく》のごとく皮のつかりをつけ、腰にて引しむるなり。是はアミシャッカ辺の夷人等海獣を捕《と》るにもちふ。尤《もつとも》一人乗りなり。一躰《いつたい》細き木を組立《くみたて》ほねとなし、皮にて裹《つつ》みたるもの故甚《はなはだ》軽《かろ》く、礁《いわ》に触《ふれ》て破れず陸《くが》を行《ゆく》には一人にて負《おい》行べし。もっとも便利なるもの也。

光太夫が伝えた皮船「マイタルカ」が、カヤックである。アリュート人は、十歳頃からこうしたカヤックに乗り始め、十六歳から十九歳になると独り立ちしてカヤックで猟に出た。長年の経験の蓄積で彼らの操船は巧みであり、半径三・二キロの範囲の動物の微かな動きも見逃さない優れた目をもっていたという。アリュート人はカヤック上から長さ一・二メートル位のモリを投槍器で投げて獲物を仕留めたが、モリの射程距離は約三五メートルにも及んだ。

アリュート社会を襲った悲劇

＊北槎聞略　1782年、大黒屋光太夫などの船が遭難してアリューシャン列島に漂着。ロシア人に救助され10年後に帰国するまでの見聞を記録している。

ロシア人がラッコの毛皮を求めてアリューシャン列島に進出した時、アリュート人は侵入者を武力で撃退しようと試みた。例えば、一七六三年から翌年にかけて四隻のロシア船が、アリューシャン列島のウナクム島とウナラスカ島に分駐していた時にアリュート人に襲われ、三隻が焼き打ちされる事件が起こっている。

しかし、アリュート人は、ロシア人の銃撃に対抗できなかった。アリュート人が海岸に集落をつくらなければならなかったことも、ロシア人の征服を容易にした。

一七七八年、キャプテン・クックがウナラスカ島に寄港した頃になると、アリューシャン列島とアラスカに至る広範な地域にロシア人が住み着くようになっており、アリュート人の人口は二分の一、ないしは三分の一までに減少していた。

アリュート人は、ラッコを人間と類縁関係にある動物と考えており、その捕獲や毛皮の利用を好まなかった。「海のハンター」にとっては、清で目の玉が飛び出るほど高く売れるラッコの毛皮も、無価値だったのである。毛皮商人は、それをいいことに極めて安価な代償によりラッコの毛皮を手に入れ、暴利をむさぼった。

ロシア人が、ラッコの毛皮と物々交換したのは、針、錐《きり》、鍋、ナイフ、斧、織物、ビーズ、タバコ、紅茶などだった。

一八〇〇年頃になると、マスケット銃も交換品目となるが、銃は一つの集落に一丁に限られていた。ラッコの毛皮の一部は、税として国庫に入った。

5　露米会社によるラッコ交易の独占

野心を抱いた毛皮商人シェリホフ

十七世紀のヨーロッパでは、オランダ東インド会社、イギリス東インド会社のような特許会社が普及し、総合的な通商活動による国富の拡大が目指されていた。「ラッコの海」で、イギリス、スペイン、アメリカなどとの競争が始まると、ロシアでも国際競争に打ち勝つために国の後ろ盾と、経営の一本化が強く求められるようになった。ラッコ猟、ラッコ交易の企業化が進められていく。「ラッコの海」では、ロシア、シベリアに毛皮の道が拓かれた時代とは異なる組織が求められたのである。「ラッコの海」の毛皮交易を企業化する際にモデルとされたのは、イギリスの東インド会社だった。ロシアでも東インド会社を手本に、合同アメリカ会社、露米会社という毛皮会社が設立されていく。

会社設立の場になったのが、東シベリアの毛皮の集散地イルクーツクだった。十八世紀末から十九世紀にかけて、ラッコの毛皮がほとんど清に輸出されていたこともあって、イルクーツクが毛皮交易のセンターになっていた。そのイルクーツクで頭角を表したのが、後にロシアの「毛皮王」と言われた伝説的毛皮商人グレゴリー・イワノヴィチ・シェリホフ*だった。

＊シェリホフ　(1747年生～1795年没)、ユーラシア大陸とカムチャッカ半島の間の湾は、シェリホフにちなんでシェリホフ湾と命名されている。

シェリホフは、ウクライナ国境に近い小都市ルィリスクで商人の息子として生を受けた。第一次トルコ戦争（一七六八年）、プガチョフの乱（一七七三年）でルィリスクが混乱に陥ると、シェリホフはシベリアに逃れて毛皮商人の下で経験を積み、一七六九年、イルクーツクに移り住んで大商人の娘ナタリアと結婚した。ナタリアは、未亡人だったとも言われるが詳細は不詳である。

結婚の翌年、シェリホフはアリューシャン列島に毛皮船を派遣し、ラッコ交易に乗り出す。シェリホフは、当時としては卓越した企業家精神の持ち主で、毛皮交易の革新を模索していた。シェリホフは、北太平洋におけるロシア領土の拡大、海路によるアジア諸国との毛皮交易の促進を目指しただけではなく、それまで航海の度毎に解散を繰り返していた毛皮交易を恒常化しようと考えた。一七八一年、シェリホフは、自分が手代として働いたことがある同業者のイワン・ゴリコフ、その甥と力を合わせ、資本金七万ルーブルの毛皮会社、シェリホフ・ゴリコフ会社（一七八一年〜一七九九年）を発足させた。会社はオホーツク港を母港とし、三隻の毛皮交易船を所有していた。

三年後の一七八四年、シェリホフは、ロシアで最初のラッコ猟の基地をアラスカ湾のコディアック島南部の「三聖人湾」に新設した。ちなみに、コディアック島（四国の面積の約半分）はアラスカ最大の島であり、アメリカ合衆国のなかではハワイ島に次いで大きい。コディアック島での居留地の建設と狩猟は予想以上の大成功を収め、一七九五年、シェリホフ・ゴリコフ会

コディアック島三聖人湾のシェリホフの基地とアリュート人のカヌー

社は一五〇万ルーブル以上の毛皮を売り上げた。ラッコの毛皮の交易の成功によりシェリホフは、シベリアで最も富裕な商人の仲間入りを果たす。

「ラッコの海」で得られた大量のラッコの毛皮は、オホーツク港から陸路ヤクーツクへ運ばれ、そこからレナ川を遡《さかのぼ》ってイルクーツクに集められた。イルクーツクからは、清との国境に設けられたキャフタの市場まで四五〇〇キロを運ばれ、そこからさらにラクダのキャラバンで二〇〇〇キロ彼方の北京に運ばれた。ラッコは、陸上の大変な距離を移動して北京の清の官僚に届けられたのである。そのために極めて高い輸送コストが価格に上乗せされた。

イルクーツクの毛皮商人にとっては、海のルートを使って広州に毛皮を運び、輸送コストを切り下げることが利益の拡大につながった。ラッコ猟を拡大するだけでなく、安価に大量輸送できる海の交易ルートの開発が求められたのである。

シェリホフもゴリコフもアリューシャン列島の先のアラスカのラッコ猟は極めて有望と見込んでいたが、同時に乱獲が進んで資源が瞬く間に枯渇してしまうことを恐れていた。彼らの会社は従来の一航海ごとに出資者を募る不安定なしくみを改め、固定された給与を支払って労働者を募集して自己裁量での狩猟を許可し、食糧、酒などを会社から購入させる安定した経営システムを作り上げた。しかしそうした新方式を定着させるには、毛皮業者の統合が前提になる。

シェリホフは、先に述べたようにコディアック島への入植で成功したが、将来はアメリカ本土にも入植地をつくり、ラッコの毛皮交易の拡大を目指していた。

イギリス東インド会社の模倣

一七九三年、シェリホフは、女帝エカテリーナ二世に取り入り、かねてからの目標の実現を策した。彼はサンクトペテルブルクに出向き、イギリスの東インド会社がイギリスの繁栄の基盤になっていることを説き、独占的な毛皮会社設立の特許を申請した。

当時の露清関係は不安定で、清朝側の独断でしばしば貿易が中断されることがあった。一七八五年からの七年間もキャフタ貿易が中止されており、毛皮貿易が大きなダメージを受けたことも会社の設立が申請される背景になった。

シェリホフの申請は、（一）現状を放置すれば、乱獲によりラッコなどの海獣は絶滅の危機に瀕する、（二）食糧などは一括しての日本からの購入が有利である、（三）毛皮は海路中国の

ノヴォアルハンゲリスク（シトカ）の要塞、通称「バラノフの城」

広東に輸出される方が利益が大きい、が主な柱だった。毛皮商人が合同会社をつくり政府の援助を受けて、三つの目標を実現することが国益にかなうと主張したのである。

女帝エカテリーナは、ゴリコフとシェリホフが「ラッコの海」の通商を独占することを目論んでいると判断して、申請を却下した。それでも、彼らが北アメリカ沿岸にまで進出して先住民を支配下におき毛皮交易を定着させたことを評価し、二人に金のメダルと銀のサーベルを下賜している。

またエカテリーナは改めて一七九三年一二月に勅令を出して、「国家にとり極めて有益な事業」として、シェリホフに対し聖職者と農奴一〇家族、流刑職人二〇人をコディアック島のロシア領北アメリカ植民地に送ることを約束した。

先にも述べたように、コディアック島では既にシェリホフにより入植が進められていたが、一七九〇年になると、後にラッコ交易の立役者となるアレクサンドル・バラノフ*（一七九〇年生～一八一八年没）が植民地の総支配人として送り込まれた。一七九九年、バラノフは、露米会社の社員一〇〇人、五五〇隻の船に分乗した六〇〇人のアリュート人を率いてアレクサンダー諸島のバラノフ島*に上陸。一八〇四年、ロシア海軍の支援の下に先住民のトリンギット人をシトカの戦いに破り、ラッコ猟の現地拠点として大倉庫、鍛冶屋、兵舎、猟人の宿舎、監視小屋、防御柵などからなるノヴォアルハンゲリスク（シトカ）の要塞を築いた。

一八〇八年になると、シトカはロシア領アメリカの首都とされた。しかしトリンギット人はアレクサンダー諸島のチチャコブ島に集落を移し、十九世紀中頃までロシア人との戦いを継続した。バラノフは二十八年間にわたり辣腕《らつわん》を奮い、「ラッコの海の支配者」、「アラスカの支配人」として世界に名を轟かすことになる。

露米会社の現地支配人
バラノフ

エカテリーナ二世は、シェリホフの事業を低廉な費用でアメリカでの植民地を確保する方法として評価するようになった。政府がアメリカ北部に正式な植民地を築けば行政費がかさむし、イギリス、アメリカとの紛争も予見された。しかし民間会社に委託すれば、そのような心配はなくなる。シェリホフの事業が、評価し直されたの

＊バラノフ　イルクーツクの人。毛皮商人シェリホフに雇われ、アラスカにラッコ猟の拠点を建設。アラスカ、アリューシャン列島、千島列島の露米会社で交易のすべてを管理した。　**＊バラノフ島**　長さ160キロ、幅48キロで、千島列島のエトロフ島の約1.3倍の面積を持つ。

である。

ロシア政府はシェリホフに対し、アラスカと千島列島のウルップ島への農業植民と商人の居留地の建設を求めた。政府に依存するのではなく、会社の独自経営を求めたのである。

一七九四年、アラスカ湾のコディアック島に政府派遣の鍛冶屋、農民、事務官、聖職者が牛、農具、各種の作物の種を携えて到着。翌年には、そのうちの四〇人が千島列島のウルップ島に移住した。ロシアはシェリホフの事業の安定のカギを、極寒での生鮮食糧品不足の解決、アリュート人のロシア正教への改宗とみなしていた。そうしたなかで、ロシア正教への改宗のお墨付きをシェリホフに与えたということは、先住民支配を認めることにつながった。ロシア正教に改宗させるのと引き換えに、帝国臣民としての先住民の支配を認めたのである。

露米会社と宮廷を結んだレザノフ

女帝の決裁に基づき、一七九四年にシェリホフ会社に政府が送る聖職者と農奴の監督官として派遣されたのが、宮廷内で大きな力を持っていた元老院官房長のニコライ・レザノフ（一七六四年生～一八〇七年没）だった。ロシア皇帝は、重要な財源となるラッコ猟と交易を帝国の支配下におこうとしたのである。宮廷からイルクーツクに派遣されたレザノフには、宮廷と毛皮商人シェリホフのパイプ役になることを期待されていた。

レザノフは、一七六四年三月二八日にサンクトペテルブルクの貧しい貴族の家に生まれた。

十四歳で砲兵学校を卒業した後、近衛連隊、地方裁判所、サンクトペテルブルク裁判所に勤務し、海軍省次官の秘書官などを経て、一七九一年、二十七歳で元老院官房長になっていた。

ところが聖職者と農奴の監督官としてイルクーツクに赴いたレザノフは、「毛皮王」シェリホフに取り込まれてしまう。目ざとい商人のシェリホフは、レザノフを一族に加えることで、宮廷との間に太いパイプを作ろうとしたのである。レザノフにとっても、それは願ってもないことだった。レザノフは、一七九五年にシェリホフの娘のアンナと結婚する。その結果、アラスカのラッコ事業と宮廷が、レザノフを介して結び付くことになった。

半年後の七月二〇日、シェリホフは風邪をこじらせ高熱で一カ月苦しみ続けた後、突然に世を去った。

一七九六年、女帝エカテリーナ二世も世を去り、パーヴェル一世*が皇帝位に着いた。パーヴェル一世は、一七九九年にレザノフに、二十年間、ロシア領アメリカ、アリューシャン列島、千島列島の毛皮、鉱物を独占することを認める勅許を与えた。それによりラッコ猟とラッコ交易はロシア帝国の管理下に入り、国策会社の「露米会社」が成立した。露米会社には宮廷、皇族も出資し、会社の利益の三分の一は皇帝のものとなった。

*パーヴェル一世　（在位1796年～1801年）、エカテリーナ一世が貴族に与えた特権を廃止し、皇帝権の強化を図ったが、1801年に反撥する近衛将校のクーデターにより殺害された。

第6章　ラッコをめぐる国際競争

1　米・英のラッコ交易への参入

ジェームズ・クック*の探検をきっかけとする国際競争

十八世紀の北アメリカの太平洋沿岸には、未だ国境が引かれていなかった。そのために、ロシアが独占したシベリアの毛皮交易とは異なり、「ラッコの海」の毛皮交易は国際競争の波にさらされることになった。十八世紀後半は、ヨーロッパの国々が海外進出を目指した時代であり、ユーラシアの北方世界の大部分を占めるシベリアをロシアが独占したようにはいかなかった。ユーラシアの「小さな世界史」の時代は終わり、世界は大洋が結ぶ「大きな世界史」の時代に転換していたのである。

ラッコの毛皮が生み出す利益をスペイン、イギリス、アメリカの毛皮商人が知ると、北アメリカのビーバーの毛皮交易が行き詰まっていたこともあって、ラッコの毛皮交易への参入争い

*ジェームズ・クック　(1728年生～1779年没)、通称キャプテン・クック。三度の太平洋の航海で、南半球の高緯度海域に「未知の南方大陸」が存在しないことを明らかにするとともに、オーストラリア、ニュージーランドを英領化し、さらに「北西航路」が航行不能なことを明らかにした。彼の航海により太平洋の地理的解明が成し遂げられた。

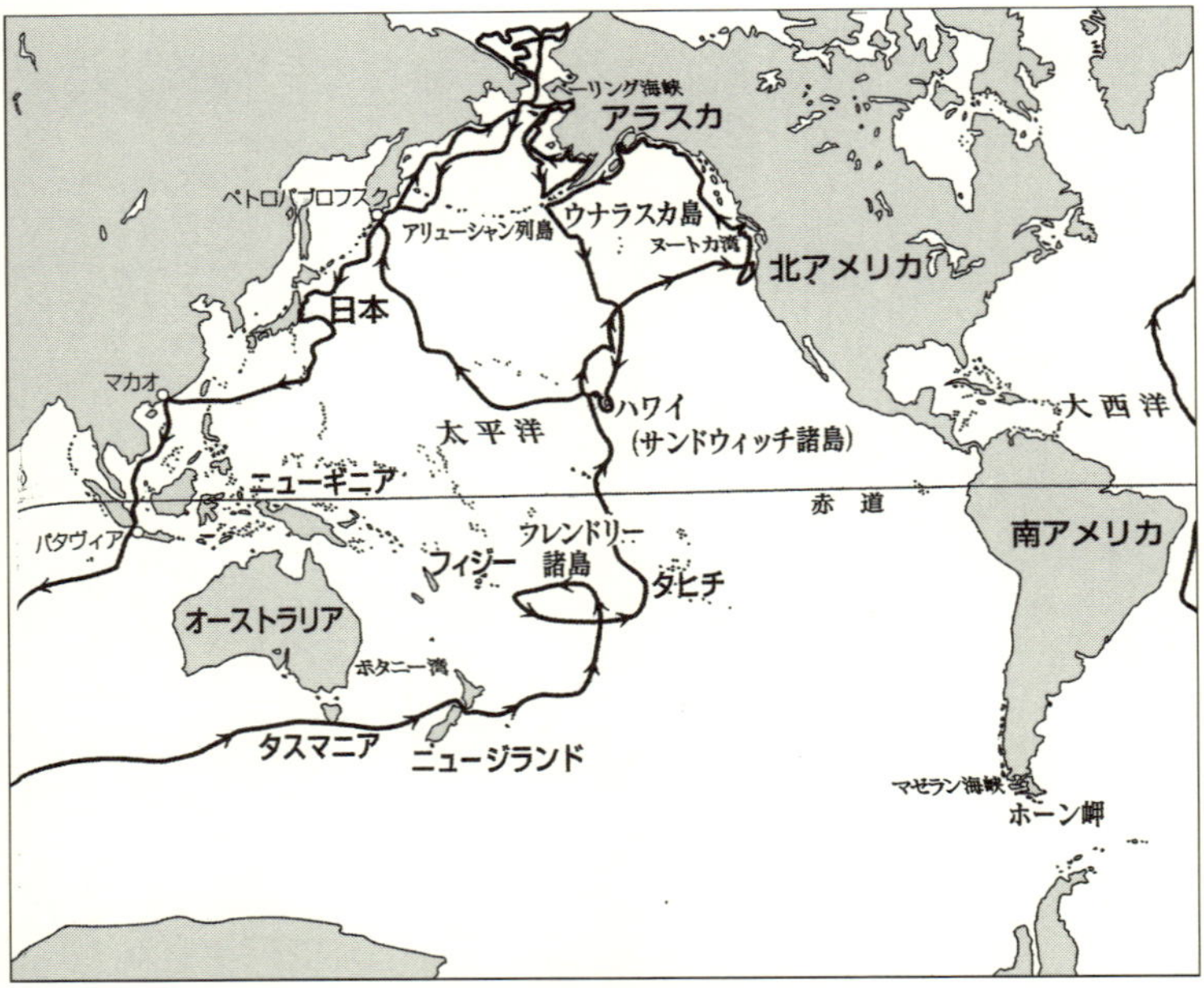

クックの第三次太平洋探検航海

が激化した。「空白の海域」とみなされていた北太平洋が俄然世界中の注目を集めたのである。ベーリング海、オホーック海を含む北太平洋が世界経済に組み込まれ、国際紛争の場に変わる。

スペイン人やイギリス人が、ラッコ交易に参入するきっかけをつくったのが、スペインのフランシスコ・カドラとイギリスのジェームズ・クックの航海だった。一七七五年、カドラに率いられたスペインのスクーナー船が北上してアレクサンダー多島海の港シトカに入り、ラッコ猟が利益を上げていることを知る。露米会社がバラノフ島のシトカに拠点を移したのが一七九九年のことなので、カドラの航海は、その二十年前ということになる。アラスカのラッコ交易が全盛期を迎える前だった。

火をつけたクックのラッコ情報

イギリス・アメリカ商人のラッコ交易への参入のきっかけになったのが、ジェームズ・クックの第三次の太平洋探検航海だった。

クックは、一七六八年から一七七六年までの間に南極海から北極海に至る三度の航海を行い、太平洋の全容をほぼ明らかにしたことで知られている。ラッコ交易をヨーロッパに紹介したのも、実はクックだった。イギリス・アメリカの毛皮商人が得た毛皮情報は、「北西航路」の探検の副産物だったのである。

一七七六年のクックの第三回航海の目的は、太平洋からベーリング海峡を抜けて北極海を航海し大西洋に至る「北西航路」を巡る問題の決着だった。当時は北極海の航行の可能性が信じられており、北アメリカを横断する水路、または北アメリカ大陸の北を通って最短距離で大西洋と太平洋をつなぐ幻の「北西航路」の開拓と並んで、イギリスの重要課題になっていた。

一七四二年のベーリングの第二次の探検でベーリング海峡が発見されたという報がイギリスに伝えられると、「北西航路」開拓の期待が一気に強まった。イギリス議会は一七四五年に「北西航路」の発見者に賞金二万ポンドを出す法案を成立させた。一七七五年、法案は更に延長さ

ヌートカ湾に停泊した
クック船隊のレゾリューション号

れ、民間のみならず海軍の参加も認められた。それに対して海軍大臣サンドウィッチが興味を示し、すでに名誉職のグリニッジの海軍病院長として引退生活を送っていたクックに北太平洋探検の指揮の依頼がなされることになる。

海の男の血が騒いだ。一七七六年、四六二トンのレゾリューション号と二九八トンのディスカバリー号を率いてプリマス軍港を出港したクックは、ニュージーランド、タヒチ、ハワイを経て北アメリカの西岸を北上。一七七八年三月に、バンクーバー島西岸のヌートカ湾に入り、その海域をイギリス領と宣言した。クックが先ずこの海域を目指したのは、ヌートカ湾がスペインが領有権を主張するカリフォルニアの北に位置していたためであった。境界海域を、いち早く支配しようとしたのである。

バンクーバー島は、かつて冬季オリンピックが開催されたカナダの大都市バンクーバーのすぐ西岸に位置する九州より少し小ぶりな島である。クックは約一カ月間バンクーバー島に滞在し、先住民との間の物々交換により数枚のラッコの毛皮を手に入れた。

クックはその日記でヌートカ湾について、「海の動物としては、クジラ、アザラシ、イルカがいる。また、水中にすむラッコも見られる。この動物の毛皮は他のどんな毛皮よりもやわらかで上等である。北アメリカのこの地方の発見は、商売上きわめて価値ある品に出会うので、非常に注目すべきものである」と記し、ラッコの毛皮の交易の有望性に言及している。

その後、クックはアメリカの北西海岸を北上し、ハドソン湾からアメリカ大陸の北西部を横断して太平洋に通じる「北西航路」の調査にあたったが、ハドソン湾から太平洋への出口は見出せず北極海の氷に先を閉ざされてしまった。クックの航海により最終的に「北西航路」は、見込みがないことが明らかにされたのである。

そこでクックは目的を転じ、アラスカ沿岸の正確な海図作りに着手した。クックが製作した北米西岸の海図は極めて正確であり、アラスカ北部の風光明媚なプリンスウィリアム多島海*（サウンド）、クック湾（後に湾の奥にアンカレッジが建設される）などの海図は現在に引き継がれている。クックは、探検の副産物として先住民から小さなガラス玉と引き換えに良質のラッコの毛皮を手に入れた。

アラスカからアリューシャン列島のウーナラスカ島に航海したクックは、そこでロシアの毛皮商人と出会い、ロシア人のラッコ猟、ラッコ交易の盛況を知る。ロシアと清の間で行われていた巨利をもたらすローカルな交易が、イギリス人の知るところとなったのである。しかし、それはあくまでも表面的な情報に過ぎなかった。クックの日誌には、ロシア人のラッコ交易に

＊プリンスウィリアム多島海　コロンビア大氷河やフィヨルドの観光で有名。後に英国王ウィリアム４世となるプリンス・ウィリアムを称えてクックが命名。

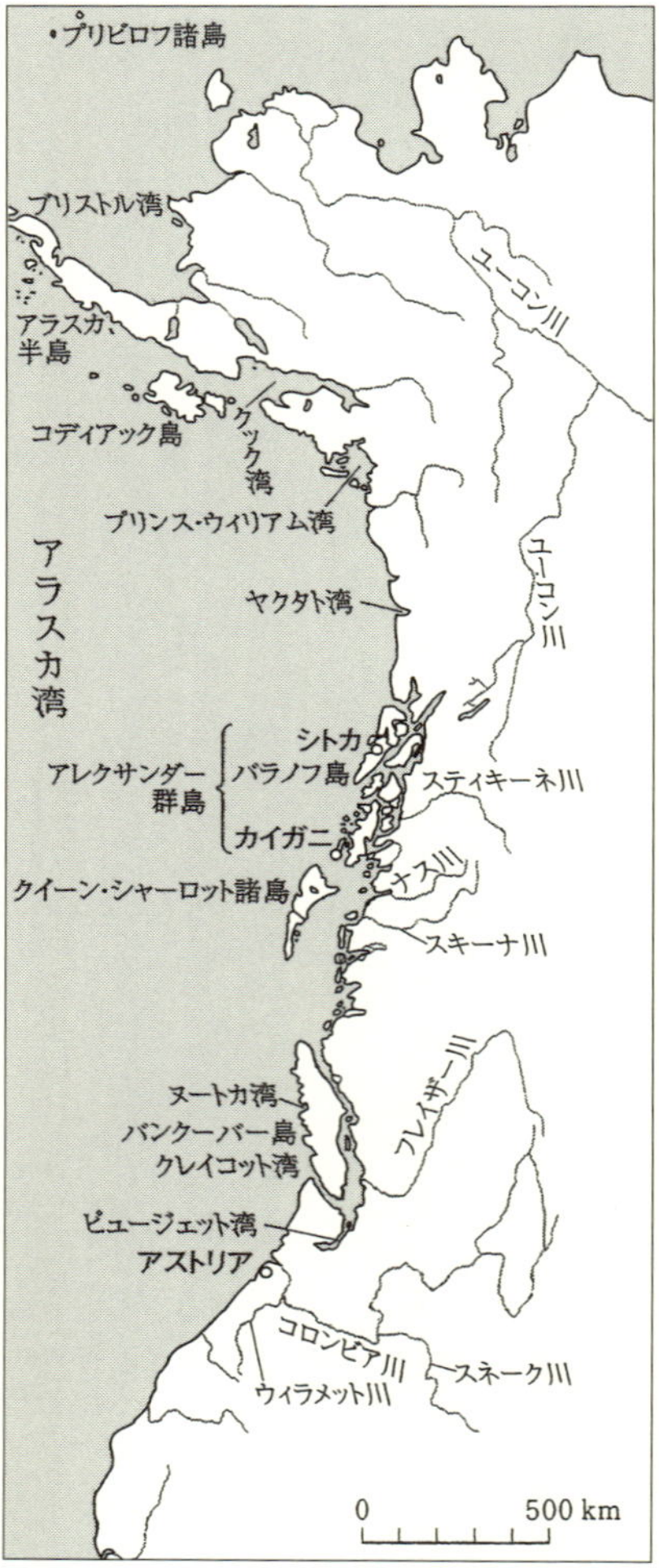

北太平洋沿岸のアラスカ周辺

ついて次のように記している。
ウーナラスカ*からカムチャッカまでの主な島にはロシア人がラッコの毛皮を集めるために住んでいて、原住民を召し使いや奴隷として使っている。住まいは、一軒の住居と二軒の倉庫からなり、主人も奴隷も同じ家に住んでいる。ここの原住民は、今まであったうちで一番おだやかで、害意がない。しかし、これが本来の性質であるかどうかは疑わしく、むしろ彼らの現在の服属の状態の結果であるかもしれない。

*ウーナラスカ　アリューシャン列島のほぼ中心に位置する島。

ハドソン湾会社の中枢だったバンクーバー砦

クックはアラスカ半島を越えてベーリング海に入りはしたものの、北緯七〇度で流氷と氷山に行く手を阻まれた。そこで、食糧を調達するために一時ハワイ諸島に戻ることを決断する。しかし、ハワイ島での島民との戦いでクックは生命を落としてしまった。クックを失った探検隊は再度ベーリング海峡の通過を図ったが、挫折。探検の続行をあきらめざるを得なかった。

一行は帰路に清の広州に立ち寄りラッコの毛皮を売却するが、その際にアラスカで六ペンスで購入したラッコの毛皮が一枚九〇ポンドという途方もない高い値段で売却できることを初めて知り驚愕した。クックが死去した後に後任艦長となっていたジェイムズ・キングは清の商人のラッコの毛皮への執着に驚き、幾分控え目にラッコの毛皮の取引は四〇〇パーセントの利益を見込めると報告している。かくて、儲けが大きいラッコ貿易の情報が、広く知られることになった。幻に終わった「北西航路」の代償として、高利潤を生むラッコ交易が有望視されるようになる。

北太平洋のラッコの毛皮交易は、イギリス商人、フランス商人のみならず、アメリカ商人にも絶好の商機とみなされた。ロシアのラッコ交易の強敵が、海の世界から押し寄せて来ることになるのである。

英・米の交易拠点バンクーバー島

イギリス商人とアメリカ商人は、北アメリカ西岸の最大の島、バンクーバー島*の北西部のヌートカ湾をラッコの毛皮交易の拠点にし、北のバラノフ島を拠点とするロシアに対抗した。

ヌートカ湾の北に続く美しい景観の海域は、現在は「インサイド・パッセージ*」と呼ばれ、アラスカ観光の目玉になっている。この海域からアラスカにかけては、無数のフィヨルドが迷路のように連なって複雑な水路をなしており、かつてはラッコの棲息地になっていた。

ちなみに、クックの探検に参加したイギリス海軍士官、ジョージ・バンクーバー（一七五七年生～一七九八年没）の探検によりバンクーバー島が巨大な島であることが明らかにされるまで、バンクーバー島のヌートカ湾は北アメリカ大陸の一部とみなされていた。ロシアが進出していたアラスカの南端から現在のアメリカのワシントン州、オレゴン州にかけての海岸線がラッコの毛皮を巡る国際紛争の場とされた。イギリス、アメリカの南からのラッコ交易への参入は、ロシアの露米会社がラッコを追って南下を続ける際の最大の障害になった。

＊バンクーバー島　面積が九州の約87パーセントの、北アメリカ太平洋岸で最大の島。　＊インサイド・パッセージ　氷河により浸食されたフィヨルドや島々からなるアラスカの自然の水路。美しい景観と雄大な自然でアラスカ屈指の観光地であるが、かつてはラッコ猟の中心であった。

一七八五年、イギリス人ジェイムズ・ハンナが、中国での貿易独占権を持つイギリス東インド会社との間に摩擦を引き起こさないように、ポルトガルの船を装った「ラッコ号」でマカオを出港。ヌートカ湾に五週間滞在して、先住民との取引で五五〇枚のラッコの毛皮を入手。それを広東で売り払い、二万スペイン・ドルという巨額の利益を得た。翌一七八六年になると、ロンドンの商人組合がキング・ジョージ湾会社を設立し、ヌートカ湾での取引所を中心にアラスカの毛皮交易を本格化させた。ヌートカ湾は、北アメリカの毛皮商人の太平洋岸への進出の拠点としてだけでなく、ハワイ経由で中国の広州との交易の中継地としてとらえられたのである。

利に聡いアメリカのボストン商人も、やがてラッコの毛皮交易に目をつけた。当時のアメリカは、豊富な森林資源を利用して、クリッパーと呼ばれる快速帆船を大量に建造する造船大国、新興の海運国だった。アメリカ最大の商都ボストンは、高い利潤がのぞめるラッコの毛皮交易に食指を動かすことになる。

アメリカの独立が達成された直後の一七八七年、コロンビア号という船がボストンを出港して南米の最南端のホーン岬を迂回し、翌年バンクーバー島のヌートカ湾で大量のラッコの毛皮を購入。それを広東で売却して得た銀で紅茶を購入し、インド洋、喜望峰、大西洋を経て、一七九〇年にボストンに帰港した。ボストン商人のラッコの毛皮と紅茶を組み合わせる世界一周の交易ルートが、新たに開発されたのである。この世界を一周する商売は、多くのボストン商人が世界貿易を学ぶ実践教育の場になった。

当時のロシアのラッコ商人は、清との外交的取り決めでラッコの毛皮を国境の交易場キャフタで売却することになっていた。毛皮はキャフタからゴビ砂漠を通って北京に送らなければならず、莫大な輸送コストが上乗せされたのである。ところが海から直接広州に運ぶ輸送費は格段に安く、その分イギリスやアメリカの毛皮商人は、優位に立てた。

一七九二年、ヌートカ湾には二一隻のイギリス、アメリカの商船が入港している。露米会社の支配人バラノフは、一七九二年からの約十年間の間にイギリス、アメリカの商人が広州で四五〇万ルーブルの毛皮を販売したのではないかと推測している。露米会社の利益が大幅に損なわれるようになっていたのである。

フランス革命でラッコの毛皮交易参入を諦めたフランス

イギリスとの間にカナダでビーバーの毛皮交易を競い合ったフランス商人も、ラッコに強い関心を持った。一七八四年、クックの航海日誌が公刊されると、フランスはフレンチ・インディアン戦争*の結果、北アメリカにおけるビーバーの毛皮帝国が失われてしまったこともあり、交易への参入に強い意欲を持った。

フランスは北太平洋へ向けての世界周航を企て、七年戦争*やアメリカ独立戦争に参加したラ・ペルーズ（一七四一年生～一七八八年?没）が、ルイ十六世（在位一七五四年～一七九三年）により船

＊フレンチ・インディアン戦争　七年戦争の一環として、北アメリカでインディアンと連合したフランス軍とイギリス軍が戦い、イギリス軍が圧勝。　＊七年戦争　(1756年～1763年)、プロイセンとその支援国イギリスと、オーストリア、ロシア、フランスなどとの間で行われた戦争。プロイセンが勝利しシュレジエンを確保、フランスはカナダ、インドなどの植民地を失った。

団の指揮官に任命された。ラ・ペルーズは、現在も北海道とカラフトの間のラ・ペルーズ海峡（日本名は宗谷海峡）にその名を残している。

ブソル号とアストロラーブ号という二隻の五〇〇トンの船を率いたラ・ペルーズは、一七八五年に南フランスの軍港ブレストを出港。艦隊は、大西洋を南アメリカの最南端ホーン岬まで南下して太平洋に入り、ハワイ経由でアラスカに至った。

アラスカで先住民との間に毛皮交易を行ったラ・ペルーズは、先住民が何よりも鉄を求め、すでに鉄の短刀、鏃《やじり》などをもっていたことに着目。この海域にひとつの交易所を設ければ、年間一万枚のラッコの毛皮が容易に集められるのではないかと、北太平洋の毛皮交易の将来性に期待を抱いた。その後、ラ・ペルーズは、スペイン領のモントレー港まで南下。そこで、ロシアがすでにアラスカで活発なラッコ猟とラッコ交易を行っている旨の情報を得た。

一七八七年一月、マカオに入ったラ・ペルーズの一行は、アラスカで入手したラッコの毛皮数枚を売却するが、品質が悪かったこともあってクック隊が売却した時の一〇分の一の値段でしか売却できなかった。

ラ・ペルーズはその後、マカオから一時マニラに南下。そこから再度北上してカムチャッカ半島のペトロパブロフスクに向かった。その際に、ラ・ペルーズは台湾、済州島を海上から測量しながら日本海に入り、サハリンの西岸の入江に上陸した。ラ・ペルーズは先住民からの情報で、サハリンは「島」に違いないと考え、間宮海峡*の通過を試みたが、海峡の深度が浅く果

＊間宮海峡　サハリンとアジア大陸の間の海峡。水深は８～20メートル。

たせなかった。ラ・ペルーズは、サハリンと蝦夷地の間の海峡（宗谷海峡）を抜けてオホーツク海に入り、エトロフ島付近で千島列島を抜けて、カムチャッカ半島のペトロパブロフスクに入港した。

その後、南に向かったラ・ペルーズは、一七八七年にサモア諸島のツツイラ島に至るが、先住民との間に衝突が生じて十二人の乗組員が殺害された。ラ・ペルーズの船団は、オーストラリア東岸のボタニー湾*に二カ月余り滞在した後、プッツリと消息を断ってしまう。

フランス政府は捜索隊を組織するが、確たる情報も得られなかった。そうこうするうちに、一七八九年にフランス革命が勃発してしまう。

一八二六年になって初めて、ラ・ペルーズの船団がソロモン諸島の東のバニコロ島で遭難したことが明らかになる。

ラ・ペルーズの船団を失ったフランスは、「ラッコの海」への進出を断念した。フランスの「ラッコの海」への参入は、不発に終わったのである。フランス革命の勃発による国情の悪化が、フランスのラッコ貿易への参入を阻止する大きな要因にはなったのである。

ヌートカ湾事件と海洋独占体制の崩壊

北アメリカ西岸でのラッコの毛皮交易は、スペイン、イギリス、アメリカの間での対立が激化した。焦点になったのが、バンクーバー島のヌートカ湾だった。

*ボタニー湾　オーストラリア南東部シドニーの南に位置する湾。ジェームズ・クックが1770年に初めて上陸した。

ヌートカ湾事件。スペイン提督マルチネスがイギリス船を拿捕し船長を拘束

ヌートカ湾については、スペインが「大航海時代」にポルトガルとの間に締結したトルデシリャス条約を盾に、領有権を主張し続けていた。一七八八年、ウナラシカ島に赴いたスペインの提督マルチネスは、ヌートカ湾にロシア人が定住地を建設する予定であるとの情報を得て、メキシコ副王フロレスにヌートカ湾の守りを固めロシア人の南下を阻止することを具申した。

一七八九年、ヌートカ湾に派遣されたマルチネスは、そこでロシア船ではなく、ラッコの毛皮の購入に来ていたイギリス船四隻、アメリカ船一隻と遭遇する。

マルチネスは、教皇の下にポルトガル・スペインが世界の海を分割支配することを約したトルデシリャス条約に基づき四隻のイギリス船を拿捕。乗組員をメキシコ副王の下に送還した。それが、いわゆるヌートカ湾事件*の発端である。事件は、やがてイギリスとスペインの間の外交問題に進展した。当時はフランス革命の真っ只中であり、スペインはイギリスに屈服せざるを得なかった。

一七九一年にヌートカ湾協定が締結され、イギリスはイギリス船が被った損害をスペインに賠償させただ

＊ヌートカ湾事件　カナダのバンクーバー島のヌートカ湾の支配をめぐり、1789年以降スペインとイギリスの間に生じた紛争。1791年のヌートカ湾協定でスペインは支配権を放棄した。

けでなく、ヌートカ湾を自由交易地として認めさせ、ラッコの毛皮の自由交易権を獲得した。それまでのヨーロッパでは、ヨーロッパ人が居住していない「未開地」は、最初の発見と公的な領有儀礼により領土とみなされることになっていたが、それが実際の占拠と安定した支配に置き換えられてスペインのヌートカ湾の専有が否定され、トルデシリャス条約は効力を失うことになったのである。

一七九五年、ヌートカ湾からスペイン艦隊が最終的に撤退。スペイン勢力はカリフォルニアに封じ込まれ、北上を妨げられることになった。その結果、イギリスとアメリカの毛皮商人が、北太平洋の毛皮交易に参入する権利を確たるものとする。

カリフォルニア以南に封じ込まれたスペイン人は、太平洋に面した港町サンフランシスコ（一七七六年にスペイン人が入植）、サンディエゴ（一七六九年にスペイン人がカリフォルニアで最初の植民）などに毛皮交易所を設け、先住民のインディアンから安価な日用品との交換でラッコの毛皮を手に入れ、マニラ・ガレオン貿易*の航路を利用してフィリピンのマニラ経由で、広州にラッコの毛皮を持ち込むしかなかった。

東インド会社の特権の壁

こうした紛争期に、イギリス海軍はジョージ・バンクーバーが率いる二隻の軍艦をヌートカ湾に派遣した。喜望峰を迂回し、一七九二年、ヌートカにたどりついたバンクーバー（一七五七

*マニラ・ガレオン貿易　メキシコのアカプルコとスペインの植民地フィリピン群島のマニラを結ぶ定期航路での貿易。この貿易により大量のアメリカ大陸の銀が中国に流れ込んだ。

年生〜一七九八年没）は、カリフォルニアからアラスカに至る詳細な沿岸地図を作成。バンクーバーは前述のように、「バンクーバー島」が大陸の一部ではなく「島」であることを明らかにした。

ヌートカ湾紛争に勝利した後、ハドソン湾会社のジョン・マクローリン（一七八四年〜一八五七年）はバンクーバー砦*に設けられたコロンビア地区本部の主任代理として、ラッコ貿易への参入を進めた。バンクーバー砦には、毎年ロンドンからの交易船が太平洋経由で訪れ、ラッコやビーバーの毛皮を積み込み、先住民のための交易品を荷下ろしした。マクローリンは、最盛期には三十四の前進基地、二十四の港、六隻の輸送船、六〇〇人の従業員を管轄し、ロシア領アラスカからメキシコ領のカリフォルニアにまで交易圏を広げて、ロシアの露米会社と対抗した。

一八三四年、バンクーバー島の対岸のオリンピック半島に、日本の鳥羽を出港した宝順丸の音吉など三名が漂着し、先住民により捕えられてハドソン湾会社の船に売り飛ばされた時にマクローリンは彼らを使って日本との交易を開始しようと考え、イーグル号に三人を乗せて翌年、ロンドンに送り届けた。しかし、イギリス政府はそうした企図には全く関心を示さず、音吉をマカオに送りかえした。それが、幕末に鳥羽の船乗り、音吉が世界周航を果たした背景になる。

しかしハドソン湾会社も、イギリスの特許会社の特権の障壁に苦しめられ、思うように利益をあげることができなかった。特許会社の既得権が、新時代の交易の行く手を塞いだのである。

＊バンクーバー砦　ハドソン湾会社の太平洋岸での毛皮交易の拠点。その影響は、アラスカからメキシコ領のカリフォルニア、ロッキー山脈からハワイにまで及んだ。

アメリカの太平洋沿岸での交易については南海会社に貿易の特権が与えられており、ラッコの毛皮を売り捌く清の広州では東インド会社が絶大な貿易特権を持っていたのである。そのために、北アメリカの沿岸でラッコの毛皮を購入し広州で売却するには、二つの特許会社に手数料を支払わなければならなかった。南海会社と東インド会社の手続きは繁雑であり、何よりも費用が嵩んだ。

そのため、イギリスの毛皮商人が運ぶラッコの毛皮の価格は、ボストンからホーン岬を迂回して北上するボストン商人の毛皮よりも割高になった。そのために、イギリス商人はラッコの毛皮交易からの撤退を余儀なくされた。一八三四年、イギリス東インド会社の貿易独占権が廃止されるが、その時はすでにラッコの毛皮貿易は資源の枯渇により下火になっていた。

ボストン商人と世界を一周するビジネス

ヌートカ湾では、特許会社の特権を考慮しなくてもよいアメリカのボストン*の商人が、優位に立った。一八〇〇年以降、三〇〇トン以下の高速帆船クリッパーを操るボストン商人がアラスカと広州を結ぶ毛皮貿易の主たる担い手になる。ラッコの毛皮が集められたアメリカ北西岸、紅茶の積み出し港広州とアメリカの大西洋岸のボストンを結ぶ「ゴールデン・ラウンド」のルートが完成されたのである。

ボストン商人は、初秋にボストンを出港し、モンスーンを利用して南アメリカ最南端のホー

＊ボストン　アメリカ北部、ニュー・イングランドの中心都市。フランスのヌーベ・ルフランスに対抗してニュー・イングランド連合が結成された。独立戦争後に、ラム酒、魚、タバコなどを輸出する国際貿易港になった。

ン岬を迂回した後、翌年の春にアラスカに至り、秋まで露米会社の本拠地シトカまでの沿岸を先住民との間にラッコの毛皮交易を行いながら北上。毛皮交易の時期が過ぎると、三週間でハワイに航行して休養。その後、広州でラッコの毛皮を独占的に販売した。多くの売却利益を得たボストン商人は、清の紅茶、木綿、陶磁器、絹などを購入。マラッカ海峡からインド洋に入り、喜望峰を迂回して、四カ月の航海でボストンへ戻った。

太平洋を横断し、インド洋を経由、喜望峰を迂回するボストン商人の快速帆船クリッパーによる世界一周の貿易航路は「ゴールデン・ラウンド」と呼ばれ、ボストン商人が世界交易のノウハウを学ぶ場となった。一七八八年から一八二六年の間に、一二七回の世界一周航海が行われたとされる。イギリスが起こしたアヘン戦争で世界史教科書でもおなじみの広州での紅茶購入の先鞭を付けたのは実はボストン商人であり、その商売はラッコの毛皮の交易と密接に結び付いていたのである。一七九〇年代、ボストン商人が広州に運んだラッコの毛皮の値段は、毎年平均三十五万ドルに及んだと推測されている。

ボストン商人は、露米会社がラッコ猟のテリトリーとしていたアラスカでも先住民との間の毛皮交易を拡大した。それに対して、ラッコ交易の利益の独占を脅かされたロシアの皇帝アレクサンドル一世*は一八二一年に勅令を出し、北緯五一度以北の海域で、沿岸から一六〇〇キロ以内での外国船の航行を禁止した。ところがイギリスとアメリカはサンクトペテルブルクに特使を派遣して猛烈に抗議。最終的にロシアのラッコ交易の排他的経済圏は、北緯五四度四〇分

*アレクサンドル一世　(在位1801年〜1825年)、ナポレオン没落後のウィーン会議でキリスト教倫理に基づく「神聖同盟」を提唱。自由主義・国民主義を弾圧。ポーランドとフィンランドに領地を拡大した。

まで押し戻された。ロシアのラッコ猟は南限を区切られ、将来性が閉ざされることになったのである。

一八三〇年代初頭を頂点に、ラッコの減少により「ゴールデン・ラウンド」の交易も急速に衰退する。ボストン商人は毛皮交易で得た資本を綿工業に投じ、アメリカ経済を成長させることになる。

2　アラスカでの食糧確保に苦しんだ露米会社

毛皮交易の巨大な壁となったシベリア

ロシアのラッコ猟の中心がアラスカに移るなかで、一八〇四年、シトカに新しい砦が建設された。玉ネギ型のドームをいただくロシア正教の教会や瀟洒な家が立ち並ぶシトカは「太平洋のパリ」と呼ばれ、ラッコ交易による富のシンボルと見なされた。

同四年、露米会社の現地支配人バラノフはシトカからオホーツク港に戻ったが、その時にラッコの毛皮一万五〇〇〇枚、オットセイの毛皮二八万枚を持ち帰り、その価格は一〇〇万ルーブルにも及んだという話は有名である。その時、ロシア領のアラスカには五〇万枚のオットセイの毛皮が残されていたという。手付かずの豊かな自然が保存されていたアラスカは、ラッコ、オットセイなどの毛皮獣の宝庫だったのである。毛皮供給は、長期間可能と考えられていた。

露米会社は、ラッコを追いながら狩猟基地を南進させる。一八一二年には、基地はシトカからサン・パブロ湾*のソノマ（ロス基地）、さらにボデカ湾へと南下を続けた。しかし、広大で寒冷なアラスカの植民地に砦を設けるための資材、大量の食糧、猟船と猟具は、ヨーロッパ・ロシアからシベリアの荒野をはるばる輸送しなければならなかった。シベリアを越えるには、膨大な輸送コストがかかり、運ばれる物品の値段は五倍から八倍にも跳ね上がった。さらに寒冷なシベリアを経由して、ラッコなどを狩猟する海獣業者が必要とする食糧、生鮮食品を確保することが極めて困難だった。

平岡雅英氏の『維新前後の日本とロシア』（ナウカ社、一九三四年刊）は、シベリアを横断する輸送が極めて困難だったことを以下のように記している。


殊にオホーツク近くの一千露里の間は殆んど荷馬車が通らず、夏はレナ河を利用するが、冬期の八ケ月は馬の背によらねばならぬ。これがため年に四千頭の馬匹を要し、しかも貨物は輸送中に破損もしくは掠奪せられることが多く、これがために価格は非常に高くなり、欧露の五倍または八倍の高価になるのであった。かくしてようやくオホーツクに運ばれた物資は、さらに船に積んで危険の多い北の海を植民地まで送らねばならなかったのである。

＊サン・パブロ湾　サンフランシスコ湾の北側の湾。

カリフォルニア植民に挫折した露米会社

そうした状況の下で、バラノフは、食糧を自給するために北カリフォルニアのニュー・アルビオンへの植民を考えた。北カリフォルニアのアルビオンは、いまだスペインの主権が確立されていない肥沃な土地だったのである。植民計画は、露米会社の手でアレクサンドル一世に請願され、一八〇八年一二月一日付けの勅令で、会社が費用を負担することを条件に認可された。バラノフは、食糧を自給するだけではなく、カリフォルニアのラッコにも期待を抱いていた。

バラノフはラッコの棲息状況を調査するために、一八〇八年にクスコフが率いる三隻の探検船隊を、カリフォルニアに派遣した。スペインは、アストリア*の領有がアメリカにより宣言されたこともあり、サンフランシスコ以北にロシア人が進出することを阻止できない状態にあった。

一八一一年、バラノフは露米会社からカリフォルニア植民の指令を受け取り、ロシア人二十人、アリュート人八十人からなる探検隊を派遣する。クスコフは、ボデカ湾の北二十八キロの地域で先住民の首長から、森林の多い土地を譲渡され、同年にアルハンゲリスクに帰ってバラノフの許可を得、ロス要塞を建設した。

バラノフは、ラッコとオットセイが思った程に得られないことが分かると、新たに獲得した土地を農業植民地として利用することを決断した。しかし、一八一九年の段階で、同地の居住

*アストリア　オレゴンのコロンビア川河口地域。アメリカのアスターの毛皮交易会社が1810年、同地に砦を建設した。

ロシア人はわずかに二十七人であり、食糧不足のシトカに転送された食糧は、年間十トン以下だった。それでは、シトカをはじめとするロシア領アメリカが必要とする食糧にはとても及ばなかった。

ハワイでの食糧確保も失敗

そうしたなかでバラノフは、温暖なハワイに農業拠点を築こうとする。バラノフは、ドイツ人医師のアントン・シェーファーをカウアイ島に派遣した。

シェーファーは、カウアイ島とその南西のニイハウ島の王だったカウムアリイにハナレイ渓谷を割譲させ、一八一四年、要塞を建設した。オアフ島のホノルルにもレンガ造りのロシア人の邸宅が建てられ、ロシア国旗が掲げられる。ロシア人の侵略的な動きに対してイギリス人の助言を得たハワイ王カメハメハ一世*はホノルルに要塞を建設し、カウムアリイにシェーファーを初めとするロシア勢力を追放するように命じた。シェーファーは弁明のためにホノルルを訪れたがカメハメハ一世の方針は変わらず、結局島外に追放されるはめになった。

一八一六年、ロシア船の船長コツビューはハワイ島のカメハメハ一世を訪れ、シェーファーの無謀な行動がロシア政府の命によるものではないと釈明した。ハワイに拠点を築こうとしたバラノフの試みは、敢え無く失敗に終わったのである。

先に述べた露米会社がカリフォルニアに建てたロス要塞は、北部のコロンビア川流域を支配

＊カメハメハ１世　（在位1795年〜1819年）、イギリスの支援の下に、1810年にハワイ王国を建国。初代の王となった。

する イギリスと南部のスペインに挟まれて国境紛争がくすぶる地域にあった。一八三〇年、ラッコ、オットセイの枯渇が明らかになると、ロス要塞は無用の存在と見なされ一八四一年、スイス人移住者に売却されてしまう。
アラスカは、資源掠奪型の植民地であり、安定した植民地経営はきわめて困難だった。しかも露米会社では、現地の従業員が先住民と組んでラッコの毛皮交易を私物化することを恐れて、ロシア人は十四年間以上、アラスカにとどまってはならないと定めていた。永住を、許可しなかったのである。そのために最盛時でも、ロシア人のアラスカ居住者は一〇〇〇人以下に制限された。アラスカは、あくまでもラッコの毛皮交易ネットワークの前線基地として位置づけられていたのである。

ラッコ猟をサポートするロシアの世界周航計画

十八世紀後半は、イギリスのクックの三次に及ぶ太平洋の探検航海、フランスのブーガンヴィルの世界周航が行われ、広大な海の世界が「経済活動の場」へと変身して行く時代だった。三大洋が結ぶ広大な「場」がビジネスの舞台として意識され始めたのである。

十八世紀末になると、ロシアでも地球規模の海運に着目する動きが強まった。そうしたなかで、エストニア人のクルゼンシュタイン（一七七〇年生～一八四六年没）というロシア海軍の軍人が、ロシア皇帝に世界周航の建白書を提出する。それは、大洋を利用して、ヨーロッパとアジア、さらに「ラッコの海」を結ぶ大構想だった。北方世界の毛皮を海路により経済の中心地域に送るには、航路の開発が欠かせないというのである。
クルゼンシュタインは開明的な軍人で、イギリス艦に乗船してフランス艦と戦った経験や、イギリス艦に乗り込んで南シナ海を航行した経験を持っていた。ロシアでは、それまでみられなかった世界的な視野を持った海軍士官だったのである。

クルゼンシュタインは、清の唯一の開港場の広州でイギリスの毛皮商人がラッコの売買で巨利を得ていることを知り驚愕《きょうがく》した。イギリスの毛皮交易船は、北アメリカ北西岸の猟場から海路数カ月で広州に至り、毛皮を高額で売却していたのである。それと比較すると、先にも述べたようにロシアの内陸輸送のコストと時間は膨大だった。露米会社がイルクーツクに毛皮を集め、キャフタ経由で北京にラッコの毛皮を陸送するには、二年以上の歳月がかかったのである。

それでも一七六二年、ロシア政府の対中国貿易独占権が停止されキャフタでの毛皮貿易に私商人が参入するようになると、キャフタでの毛皮貿易も一七六〇年代から一八二〇年代にかけ

クルゼンシュタイン

て盛んに行われるようになる。

そうした状況を踏まえ、クルゼンシュタインは、(一)ロシアの船舶を使ってアリューシャン列島と広州の間の航路を開き、交易を開始して有利な条件で毛皮を売却すること、(二)ペテルスブルクとオランダの植民地ジャワ島のバタビア、さらにはインドとの交易を開始し、ロシアが必要とする食糧などをアジアの市場から調達することとし、そのためにロシア船による世界航路の開発が必要と説いた。

クルゼンシュタインの「大貿易構想」はイギリス留学により得られた着想であり、「アジアとの大貿易時代」に向かう十八世紀後半の世界の風潮と合致していた。しかし、彼のプランは、当時のロシア人にとっては壮大すぎて、理解できなかった。

このクルゼンシュタインの構想を評価したのが、露米会社だった。ただ、クルゼンシュタインの構想には難点があり、露米会社が必要とする生鮮食糧の確保のための対日貿易が欠落していた。

露米会社とレザノフの思惑

一八〇一年、海軍大臣モルドヴィノフ提督、商務大臣ロマンゾフは、クルゼンシュタインの提言を受け入れ、露米会社の資金で二隻の軍艦をサンクトペテルブルクからアリューシャン列島に送り、物資の輸送、アジア各地との海からの通商交渉に充てることを提言した。クルゼンシュタインの「大貿易構想」に露米会社が結びついたのである。

露米会社は、クルゼンシュタインのアフリカの最南端、あるいは南アメリカの最南端を迂回して北アメリカの西北海岸に物資を輸送する計画、広州などのアジア諸地域と交易して毛皮を売却し、必要な食糧などをアジア市場で購入する計画は自社にとり有益と判断した。大洋をつなぐ長大な航路でシベリア経由の食糧調達の困難、イルクーツクからキャフタに至る非効率な毛皮輸送による不利益を克服できるのではないかと考えたのである。

一八〇二年、露米会社本店は皇帝アレクサンドル一世に請願し、北太平洋沿岸の会社領に至る航路を開拓するために世界一周の探検隊を派遣し、（一）造船資材などの会社の経営に必要な諸物資を届けること、（二）会社が行う対日貿易、対清貿易、対東南アジア・インド貿易などの通商活動を促進する試みを支援すること、（三）千島列島のウルップ島を拠点にした対日貿易を促進すること、という内容からなる要望書を提出。国立貸付銀行からの二十五万ルーブルの資金貸し出しと、探検のための食糧・人材の提供を政府に求めた。クルゼンシュタインの構想が、露米会社の利益に沿うかたちで再編成されたのである。

露米会社の社長レザノフの各方面への根回しもあって、皇帝は即日、その要請を承認した。クルゼンシュタインの計画は、ラッコなどの毛皮を扱う露米会社の企画にロシア政府が乗るかたちで実施が決まったのである。露米会社は、クルゼンシュタインの大貿易構想を取り込むことにより、ラッコなどの海獣の毛皮を売買する会社から貿易全般にかかわる大商社への転身をめざしたのである。

一八〇三年、ロシアの商務大臣は「対日通商に関する覚書」を皇帝アレクサンドル一世に提出し、日本ではキリスト教の信仰禁止、ポルトガル人の海外追放の後、バタビアのオランダ人のみが対日貿易を独占していること、ラクスマン（一七六六年生〜一八〇六年以降没）が根室を訪れ大黒屋光大夫などの日本人三人を送還したことなどをあげ、海を挟んで日本と接するロシアが日本との通商において優位を持つと主張した。

また彼は、国際情勢に詳しく、貿易に明るい使節を日本に送ることを求め、使節はロシアについての正しい認識を日本の支配層に伝え友好関係を樹立すること、ロシアの植民地である北アメリカから広州、マニラに商品をもたらし、中国、フィリピンその他の国々との貿易の可能性を明らかにすることが必要である、とも説いた。閣僚委員会は、そうした商務大臣の覚書を承認し、日本へ派遣される使節として露米会社の社長レザノフを選んだ。使節団はかつてのラクスマンにならい、イルクーツクから呼び寄せられた十人の漂着日本人のうち津大夫、儀兵衛、左平、太十郎の四人を日本に送り返し、それに付随して通商交渉をすることとされた。

クルゼンシュタインの世界周航計画は、ロシア政府が露米会社の船を二年間借り上げて会社が必要とする物資を送ると同時に、ロシア使節レザノフを日本に送り届けるという計画に矮小されていく。しかし、この事業にかかわる莫大な費用は後に露米会社の財政を圧迫することとなる。

日本との交易に賭けたレザノフの長崎入港

一八〇三年、皇帝はレザノフに侍従長の名目で露米会社が支配する植民地の全権を与え、クルゼンシュタインに代わる世界周航の隊長、対日使節団長に任命した。政略家のレザノフは、クルゼンシュタインが進めていた世界一周の探検事業と露米会社が必要とする日本との通商交渉を結び付け、全権を掌握したのである。

航海に際してナデジュダ号とネヴァ号の両艦は異なった任務を分担し、ナデジュダ号は使節レザノフを長崎に送り届け、ネヴァ号は直接北アメリカに向かった。両艦は、一八〇四年の冬にアラスカ湾の入口に位置するコディアック島で落ち合い、一八〇五年春、広州に赴き貿易を行った後に帰国するという計画が練り上げられた。

フランス革命後の動乱がヨーロッパ大陸を覆っていた一八〇三年、両船はサンクトペテルブルクの軍港クロンシュタット港を出帆した。

長崎の日露会談に臨んだ
レザノフの絵姿

レザノフが乗ったナデジュダ号は、僚船のネヴァ号とともに大西洋を南下してマゼラン海峡を通過。太平洋を北上してハワイに寄港した。そこから両船は別の航路をとり、ナデジュダ号はカムチャッカ半島のペトロパブロフスク港へ、ネヴァ号はアラスカのカチャグリに向かった。

一八〇四年、カムチャッカ半島のペトロパブロフスク港に入港したナデジュダ号は、約五十日間停泊して船体の修理に当たった。同港でレザノフは、数通の手紙をサンクトペテルブルクに送り、ペトロパブロフスクを太平洋におけるロシアの主要な港とすること、千島列島のウルップ島・クナシリ島に農業入植地と対日貿易の商館を設け、アイヌを交易の仲介者として利用することを提言した。

他方ネヴァ号は、北アメリカ沿岸のコディアック島に直航した。十四門の大砲を備えた軍艦ネヴァ号が来航したことで、アメリカ商人やスペイン商人の狩猟船に対して露米会社は、一時的な優位を確立した。一八〇三年の第一回から四二年の第一三回に至るまで、ロシア船による世界周航は繰り返されることになる。

ネヴァ号と分かれたナデジュダ号は、一八〇四年、カムチャッカ半島のペトロパブロフスクに入港。そこから一カ月を費やし、威風堂々と長崎湾に入った。ロシアの巨船の入港は、「鎖国」が続きオランダ東インド会社船とジャンク以外の外国船の入港がなかった長崎にとって、驚天動地のできごとだった。長崎には、レザノフ来訪の多くの記録が残されている。

はねつけられた交易要求

しかし、一年二カ月の航海、六カ月の長崎滞在はロシアにも、露米会社にも何の利益ももたらさなかった。レザノフの交易要求*は、一方的にはねのけられたのである。「大きな世界」に向かう時代の潮流も、「ラッコの海」の状況も理解していなかった幕府と長崎奉行所幕府は、頑なな態度を変えようとしなかった。レザノフを乗せたナデジュダ号は、二カ月の食糧として塩二〇〇〇俵、米一〇〇俵が乗組員に、真綿二〇把が士官用に与えられ、一八〇五年四月一八日に体よく長崎港から追い払われた。ロシア側も通詞などに、鏡一面、ラシャ一反、金モール一反、硝子ランプ一台、燭台一対、大理石小卓一対、大理石洗面器一個を贈っている。

ナデジュダ号は、日本列島を北上して宗谷海峡（ラ・ペルーズ海峡）に入り、アイヌのいる宗谷場所に入った。その後、サハリン（カラフト）を経て、カムチャッカ半島のペトロパブロフスクに戻った。ナデジュダ号は、クルゼンシュタインの指揮下に千島列島とサハリンの調査を再開し、広州では、ハワイで別れたネヴァ号と再会して、太平洋、インド洋を経由して一八〇六年八月、ロシアに戻った。

こじれた日露関係の背景

長崎での交渉に失敗してペトロパブロフスクに戻ったレザノフは、マリア号という船に乗り込み露米商会のラッコ捕獲の前進基地シトカの視察*に向かった。レザノフがシトカに到着して

*レザノフの交易要求　幕府は頑なに交易を拒絶したが、レザノフに対して長崎通詞の一人は、幕府の対外政策が変わる可能性を指摘し、オランダの東インド会社から情報を得ることをすすめた。　*シトカの視察　当時は1804年のシトカの戦いで、ロシア海軍がトリンギット人を最終的にシトカ周辺から追い払った直後だった。

みると、驚くべき光景がそこにあった。シトカでは、生鮮食糧の補給が絶えて久しかったために壊血病が蔓延し、死者まで出ていたのである。

レザノフは、翌年に暖かいサンフランシスコに赴いて同地のスペイン要塞で食糧を購入し、シトカ島に戻る。シトカの人々はやっとのことで食糧危機から脱することができたが、レザノフがサンフランシスコから戻るまでの間にすでに十七人が生命を落としていた。生鮮食糧問題はアラスカのラッコ猟の存亡に関わる大問題になっていたのである。

交易の場として千島列島を重視したレザノフは、アイヌを味方につけるためにまず千島列島の住民に対するヤサーク（毛皮税）の徴収の廃止を露米会社本店に求めた。年間、わずかに三〇〇ルーブル程度の毛皮を徴収するよりもアイヌを味方につけて、千島列島を「交易の場」として確保したほうが、会社にとって有利だと判断したためであった。

レザノフはまた、千島列島を日本との通商の場に変えて食糧を確保するには幕府の方針を転換させることが不可欠と考え、サハリンのアニワ湾やエトロフ島に設けられた幕府の番所を攻撃するというショック療法を選択した。

レザノフは、北の辺境の地でのロシア側の攻撃に幕府は対処しきれず、頑なな鎖国政策を改めるだろうとかなり楽観的に考えていた。そこでレザノフは、アラスカのノヴォアルハンゲリスクで、露米会社に勤務する海軍士官、ニコライ・フヴォストフ中尉、ガブリール・ダヴィドフ少尉の両名に、樺太（サハリン）・エトロフなどの日本の番所攻撃を命じた。

一八〇六年九月一〇日、ユノナ号はサハリンのクシュンコタン（古春古丹、アニワ湾の大泊）の松前藩の番所を襲撃し、米六〇〇余俵、酒数樽、煙草、木綿などを略奪し、番屋や蔵を焼き払い四人を捕虜とした。日本とロシアの地域紛争が、始まったのである。

一八〇七年四月、ユノナ号とアヴォス号はエトロフ島を襲撃し、ナイボ（内浦）の番屋や蔵を焼き払い、五人の日本人を捕虜とした。次いで同島のシャナ（沙那）にあった幕府の会所を攻撃する。会所を警護していた南部藩、津軽藩士の七十人から八十人はロシア側の大砲、銃の攻撃に耐え切れずに陣屋を捨てて逃げ出し、約十人がロシア側の捕虜になった。そのうちの八人はカラフト沖で釈放された。その後、ロシア船は再度カラフトのクシュンコタンの松前藩の番所を焼き払い、日本船への攻撃を繰り返した後、利尻島に上陸して停泊していた二隻の船の積み荷を奪い、番所を焼き払った。こうした一連の襲撃事件が、フヴォストフ事件である。

こうしたレザノフの行動は、幕府を驚愕させた。箱館奉行は五月一八日に東北の諸藩に蝦夷地出兵の達書を出し、南部藩九七二人、津軽藩八〇〇余人、秋田藩五九一人、庄内藩三一九人の三〇〇〇人近い兵を募り、箱館、浦河、厚岸、根室、国後島、福山、江差、宗谷、斜里の要地に配備した。各藩の兵員の輸送には、高田屋嘉兵衛*のもち船などが徴用された。

江戸からは六月に若年寄の堀田正敦、大目付中川忠英という要人が派遣されて督戦する体制を整えた。幕府は、ロシア勢力と軍事的に対峙する姿勢を明確にする。

他方レザノフは、二つの襲撃事件の間の一八〇七年三月一日、サンクトペテルブルクに戻る

＊高田屋嘉兵衛　クナシリ島とエトロフ島の間の航路を拓き、エトロフ島でのサケ・マス漁と交易で財を成した函館の豪商。ロシアとの紛争解決に貢献した。しかし、嘉兵衛の死の6年後、幕府は密貿易を口実に高田屋の全財産を没収した。

途中のクラスノヤルスクで、長崎での交渉の失敗と露米会社の前途に悩みながら四十三年間の生涯を閉じた。ちなみにレザノフの命を忠実に実行した二人の海軍士官は、帰港後、オホーツク長官に報告を怠ったために反逆罪で逮捕され軍事裁判にかけられた。

しかし、フィンランドでの戦争が始まると、処分はうやむやになった。他方で露米会社本部は、両名が行った行為は会社に損害をもたらしただけであり、会社とは無関係な行動であるとして、負うべき責任を回避した。

レザノフの試みは、千島列島とオホーツク海域をロシアと日本の「係争の場」に変えてしまった。露米会社の食糧確保の問題が、通商を熱望するロシアと頑なにそれを拒む日本の紛争を引き起こしたのである。内向きの視点しかもたず、外部世界の情報が乏しい幕府はラッコ猟と毛皮交易にかけるロシアの苦境を知る由もなかった。日本では、対露恐怖症が強まっていく。それまで、ロシア人は「赤人」とか「赤蝦夷」と呼ばれていたが、襲撃事件以後は「赤鬼」とも呼ばれるようになった。レザノフの行為が、裏目に出たのである。

当時の代表的知識人の一人であった中井《なかい》履軒《りけん》*は、「もしヲロシア（ロシア）の船が来たら断固、大銃で撃壊するだけである。ヲロシアが近海に出没するのも、ただ我が国の穀物を貧ろうとするためであり、それを与えなければまた来ることもなくなるであろう」と、述べている。

幕府は、一八〇七年に警護体制を強化するためにカラフト、国後島、エトロフ島を松前藩に上地させ、幕府の永代直轄地とした。カラフトの警護は会津藩、津軽藩、エトロフ島は南部藩、

＊中井履軒　（1732年生〜1817年没）、大阪出身の儒学者。

津軽藩が担当し、一二月九日になるとロシア船打ち払い令が出された。

蝦夷地警護を命じられた東北諸藩の人的・財政的犠牲は著しいものがあった。一八〇七年に斜里で越冬した津軽藩士一〇〇人のうち、越冬して生き残った者はわずかに十五人に過ぎなかったという。

蝦夷地全域を直轄地にすると、幕府は日本の勢力範囲を確定する必要を認め、北方の状態が不明確な樺太の調査を始め、一八〇八年に間宮林蔵と松田伝十郎*を樺太の西海岸に派遣した。間宮林蔵は一八〇九年にアイヌの皮船に乗りアムール川下流の清のデレンに至った。林蔵の航海により樺太が半島ではなく島であり、海峡（間宮海峡）により大陸と隔てられていることが明らかにされた。

3　十九世紀中頃に急衰するラッコ交易

絶え間ない先住民の抵抗

ヌートカ湾を中心にイギリス、アメリカがラッコ交易に参入したことで、カリフォルニアへのロシアの南下は阻止された。ロシアは、シトカを中心とするアレクサンダー多島海でのラッコ猟に集中せざるを得なくなる。ラッコ猟の地域的拡大が阻止されたのである。それだけでは

＊松田伝十郎　（1769年生～1842年没）、間宮林蔵と共に樺太を探検。樺太の実測地図を作成した。

なく、ロシア人の進出に対する先住民トリンギット人*の抵抗も止むことがなかった。背後からイギリス商人が、トリンギット人に武器を売りつけていたのである。

太平洋で遭難した富山の長者丸の水夫、次郎吉の口述による『蕃書』は、「コロシ」と呼ばれるトリンギット人の抵抗の勢いが衰えなかったことをリアルに記している。

一八三八（天保九）年、三陸の釜石に近い唐丹（現在の唐仁町）から江戸に向かって出港した富山の六五〇石積みの長者丸は、激しい西風に会って遭難。船頭の平四郎を初めとする十人の乗組員は、アメリカの捕鯨船に救出され、ハワイ経由で一八四二（天保一三）年九月上旬にロシアのラッコ貿易の拠点シトカに入港した。それ以後、彼らは一八四三（天保一四）年三月中旬まで、同地に滞在した。丁度、アヘン戦争の時期であった。同船の水夫、次郎吉の帰国後の口述をまとめた書が『蕃談』である。

『蕃談』は、バラノフが去った後のシトカを知る、有力な手掛かりになる。同書はセッカ（シトカ）について、
この町はカムサッカやオホツカとはちがい、諸国の商船が集まって貿易が盛んに行われるので、物資は何でも豊富にある。ここに来るのはスウェーデン人がもっとも多いが、その交易のやりかたは、特に自分の店舗を構えることなく、みな店を借りて商売をやり、それがすむと引き揚げていく。

*トリンギット人　アラスカからカナダのブリティッシュ・コロンビアの太平洋沿岸に住む先住民。日本のアイヌと文化面での共通点が多い。

シトカ中央にある木柵で区切られた砦
左側がトリンギット人の居住区

　セットカは、二〇隻から三〇隻の船が入ることのできる港で、三カ所の砲台で守られ、城は高い丘の上に築かれ、周囲に土塁を巡らし、一〇〇門の大砲で守られていること。市街地から城門に行くには、砲台の前を通らなければならない構造になっていたこと。長官の居館が五階建て五・六〇間四方もあり、防塁の上に高くそびえ立っており、城門を入り屈曲して続く段々になった坂道を上っていかなければならなかった。

と記している。一八〇二年にシトカの砦が先住民のトリンギット人により襲われ、多くのロシア人が虐殺されたこともあり、ノヴォアルハンゲリスク要塞を中心とする堅固な防御体制が、敷かれていたのである。
　そうした防護体制にもかかわらず、シトカはコルシ（トリンギット人）の襲撃に常に脅かされた。ロシア人は、彼ら先住民に銃を持つことを禁じていたが、実際にはトリンギット人は一人一丁の銃を持っていたのである。ロシア人は、イギリス商人が彼らに銃を供給するためだと言って恨んだ。イギリス人がトリンギット人を使い、ロシア人のラッコ猟を撹乱すると考えられていたのである。次郎吉がシトカに滞在していた時期にも、トリンギット人が襲って来るという情報が流され、町が緊張に包まれたことがあった。その間の事情を『蕃書』は、このように記している。


以前から兵卒たちは、よく十人、二十人と隊を組んで山中で宿営し、薪をとっていた。ところがある日百余人のコルシが丸木舟に乗って押しよせ、突然上陸すると兵士たちの不意をついて、投げ槍をはげしく投げかけながら襲いかかってきた。兵士たちは衆寡敵せず散りぢりに敗走し、コルシは捨てられてあった斧やのこぎりなどをことごとく奪って去っていった。しかし、逃げ帰った兵士の報告を聞いた長官は、すぐさま蒸気船を出動させ、その賊を捕らえさせてしまった。そこで、こんどはコルシが報復のために群をなして町の要塞を攻撃してくるだろうという風説が立ち、人びとはみな不安におののいていた。

その時、兵器庫から運び出された大砲その他の武器のおびただしさは、まったく驚くべきものだった。また大きな船や蒸気船を連結して敵のせめよせてくる道をふさぎ、大きなボートも艇首と艇尾の環に縄を通して四、五隻ほどつなぎ合わせ、その上に厚板を置いて一隻ごとに十門あまりの大砲を載せた。

一方、海岸では、歩兵が陣地を構築して戦闘準備を整えていた。

こういう厳重な警戒体制におそれをなしたのか、コルシはついに襲来しなかった。そこで以前から帰順して近くに住んでいるコルシの酋長を使者として事情を調べさせたところ、やはり山中での暴挙は、イギリス人にそそのかされたものであることが判明した。

イギリスとの対立もあり、露米会社がトリンギット人の反抗に苦慮していたことが分かる。露米会社のラッコ猟の拡大には、大きなコストがかかったのである。

またスペイン、アメリカ、イギリス、ロシアの紛争は、地域的な住み分けという結果を生み出し、アラスカに支配領域を限定された露米会社は、ラッコの枯渇に伴い衰亡せざるを得なくなった。シベリアを横断する細く頼りないネットワークで、ロシアとアラスカを結びつけたのはラッコの毛皮であり、それが得られなくなればアラスカはロシアにとっての価値を失ったのである。

ロシアの南下を阻んだモンロー宣言

一八一八年に老齢のためにラッコ猟から引退したバラノフは、シトカを発って海路ロシアに戻る途中ジャワ島のバタビア沖で世を去った。遺体は、海軍のしきたりに則ってスンダ海峡で水葬された。バラノフ以後になると、露米会社の総支配人には代々海軍士官が就任することになり、半官半民の露米会社は官営会社に姿を変えていった。

食糧確保のために露米会社が、カリフォルニア、ハワイとの交易を強化すると、ロシア勢力の南下に脅威を感じたアメリカは、大統領モンロー（在任一八一七年～一八二五年）の名の下で一八二三年にモンロー宣言*を出し、アメリカとヨーロッパとの間の相互不干渉を宣言した。イギリスもそれに同調する。それによりロシアは、アメリカ大陸で外交的に孤立し、それ以上の南下が不可能になった。マニフェスト・ディスティニー（明白な［膨張の］運命）を掲げて、アメリカ人が西部を支配する方向を明確に打ち出すと、もともと少数の居住者しかいなかった太平洋岸のロシア勢力は封じ込まれてしまったのである。

ロシアとアメリカの外交交渉の結果、ロシア領のアメリカは北緯五五度に限定され、それ以南での自由貿易の原則が決定された。一八二四年のロシアとアメリカの条約では、ロシア領アメリカにおけるボストン船の狩猟と貿易が十年間認められ、一八二五年に締結されたロシアとイギリスの条約では、ロシア領アメリカにおけるイギリス船の航行が承認されている。

経営が行き詰まった露米会社は、アラスカが売却される一八六七年までの二十八年間、ビーバーの毛皮二〇〇〇枚と引き換えに、ロシア領アメリカの南東沿岸地域をイギリスのハドソン湾会社に貸し出した。一八五三年にクリミア戦争が勃発すると、ロシアは守りの弱いロシア領アメリカの全域が、イギリス海軍に占領されることを恐れなければならなかった。そうしたなかで、シトカはイギリス船、アメリカ船が自由に出入りする国際貿易港になっていく。

露米会社の行き詰まりと捕鯨への転換の失敗

***モンロー宣言**　アメリカにおける植民地の新設、アメリカ大陸の独立国に対するいかなる干渉も、アメリカ合衆国への敵対行為とみなすという内容で、ラテンアメリカの独立への干渉とロシアの進出を牽制した。

ラッコやオットセイが急速に減少すると、毛皮交易に特化していた資源略奪型の露米会社の経営は行き詰まった。ロシアが奢侈品の毛皮に頼った時代の終焉が迫ったのである。さりとて毛皮交易に特化した露米会社には、総合商社に変身する条件も余力もなかった。「ラッコの海」からラッコが失われてしまえば、毛皮商人にとって、北太平洋は価値のない荒れた海に変貌する。

折から北太平洋では、鯨油を獲得するためのアメリカの捕鯨が盛んになっていた。一九世紀中頃にアメリカの捕鯨船は五〇〇隻から七〇〇隻を数え、マッコウクジラとセミクジラを合わせて年間五〇〇〇頭を捕獲している。現代から見れば、一八七六年の捕鯨船数が三九隻に激減していることから分かるように、石油産業の登場で捕鯨も時代遅れになりつつあったのだが、資源の枯渇が誰の目にも明らかだったラッコの毛皮交易よりは将来性があるように見えた。現に一八三五年にアラスカ沖でセミクジラの群れが発見され、アメリカ捕鯨の最大の漁場、コディアック漁場が作られている。

露米会社が、ラッコ猟を補うものとして捕鯨に着目したのは当然だった。一八三〇年、露米会社は、アメリカ人の捕鯨業者バートンをシトカに招き、捕鯨船の利用法、鯨油の加工法などを学んだが、資金が不足していたことから新たに捕鯨業を興すことはなかなかできなかった。

一八五〇年になって、フィンランドの会社との提携関係が成立し、露米会社が、準備金二万ルーブル、捕鯨船の艤装《ぎそう》費用四万ルーブルを出費。資本金一〇万ルーブルのロシア・フィンランド捕鯨会社が設立され、操業に乗り出した。しかし、クリミア戦争により露米会社の新たな企図は挫かれた。イギリス海軍の拿捕を避けるために、捕鯨船の操業が不能になったのである。赤字が募った捕鯨会社は、一八六二年に解散。露米会社は、毛皮資源の枯渇と運命を共にする外なかったのである。

第７章　ラッコの激減と北方世界の再編

１　清の弱体化を利用して東シベリア開発に転換したロシア

着目されたアムール川流域

ロシアでは、一八二五年にニコライ一世*が即位したのを期に、憲法制定をもとめる自由主義的な貴族・士官によるデカブリストの乱*が起こり、加担した多くの青年貴族が西シベリアに流刑された。ロシアの支配層は、流刑地とされたシベリアへの政治的関心を強めるようになる。

他方、アメリカにとって、北太平洋はあくまで「捕鯨の海」だった。アメリカの捕鯨船はオホーツク海域を主たる漁場とし、小笠原諸島に補給基地を設けただけではなく、日本の開国を求める。鯨油は、ヨーロッパ、アメリカなどで急激な成長を遂げる都市の街灯の油として需要が急増していた。当時の捕鯨船は船倉が鯨油で一杯になるまで数年間の航海を続けたことから、捕鯨海域での飲料水、生鮮食糧、食糧の補給が必要になったのである。

＊ニコライ一世　(在位1825年～1855年)、デカブリストの乱を鎮圧し、専制支配を強めた。クリミア戦争の最中に突然没す。　＊デカブリストの乱　1825年、ナポレオン戦争に従軍して西欧の自由主義に接した青年貴族が、農奴制と皇帝専制の廃止を要求して起こした反乱。

「ラッコの海」で行き詰まったロシアは、ネルチンスク条約*で清帝国に阻止されていた東シベリアのアムール川（黒竜江）流域への進出を目指すようになる。海から陸への方向転換である。ちなみに間宮海峡に流れ込むアムール川は、全長四三五〇キロと、ロシアの主要河川ヴォルガ川をはるかに凌ぐ大河である。北海道の冬の風物詩「流氷」は、アムール川の川氷、アムール川からの真水の流入で薄まったオホーツク海の海水が氷結し、流出するものである。

こうしたロシアの新政策は、ラッコ猟を見切った上で決断された、毛皮から農業への戦略的転換だった。

皇帝ニコライ一世は、一八四四年に実行された学術調査の報告でアムール川に着目するようになる。調査には、（一）アムール川流域の領有はロシアにとり不可欠、（二）同地域を占領しても清との激しい紛争は起こらない、（三）アムール川の中流から下流の住民は清の支配に服しておらず、ロシアと清の国境はアムール川の南にあると考える、（四）シベリアから太平洋に至る唯一の水路はアムール川である、とあった。

ニコライ一世は、一八四七年、ムラビヨフ*（一八〇九年生～一八八一年没）を東シベリア総督に任じ調査を命じた。現地を調査したムラビヨフは、東シベリアを開発するには、アムール川の上流のみならず下流一帯も支配下に組み入れ、アムール川の水路の利用が不可欠との判断に達した。

翌年、ムラビヨフは東シベリア総督府があるイルクーツクからカムチャッカ半島のペトロパ

＊ネルチンスク条約　ロシアと清の国境は、アムール川（約1600キロ）の源流のアルグン川と、外興安嶺（スタノヴォイ山脈）の線とされていた。　＊ムラビヨフ　ロシアの軍人。東シベリア総督となりアムール川地方を占領。1858年のアイグン条約でアムール川以北をロシア領とした。

ブロフスクの視察に赴き、その湾が港として極めて良好と考え、海軍の拠点をオホーツク海に面するオホーツクから太平洋に面するペトロパブロフスクに移した。

大陸の一部と見なされたサハリン

若い海軍士官ゲンナジー・ネヴェルスコイ（一八一三年生〜一八七六年没）は、東シベリア総督ムラビヨフの要請により一八四九年、ペトロパブロフスクからサハリンの北端を経由してアムール川河口に至り、付近を探検した結果、サハリンが大陸とは陸続きではない島であることを確認した。その結果、ペトロパブロフスクから冬には氷結して閉ざされてしまうオホーツク海北部を通ってアムール川河口に至るのではなく、通年凍ることのない間宮（タタール）海峡を通過してアムール川の河口に至る航路を明らかにした。ただし、間宮海峡は浅い海であるために、航海は喫水四メートル以下の小型船に限られた。

ネヴェルスコイは一八五一年、アムール川河口にニコライスヴスクを建て、一帯の海域を支配。そうしたことから、ロシアのサハリンへの関心は急速に強まった。一八五三年、ネヴェルスコイは日本人が居住するタマリを占領する。

ネヴェルスコイは日本人が漁業・交易の拠点としていたサハリン南部のタマリ、アニワ湾に注目し、この地をロシアが占領すれば同地での漁業、交易に依存する松前の打撃は大きく、ロシアとの通商を求めてくるに違いないと考えた。

また、捕鯨のためにオホーツク海に進出していたアメリカ船が情報をアメリカに伝え、もしアメリカがサハリンのタマリ、アニワ湾を占領すれば、アメリカはサハリン、日本に影響力を持つようになるだろうと報告していた。サハリンは石炭も豊富で、魅力的な条件を備えているというのである。新たな競争相手として北太平洋海域に登場したアメリカの動向に、ロシアは神経をとがらせた。

一八五二年二月、東シベリア総督ムラビヨフはコンスタンティン大公宛の書簡で、近々にアメリカが日本に武装蒸気船の船団をおくる予定である、という情報を伝えている。

他方、南シナ海の海域では、イギリスの勢力が東アジア世界に進出するネットワークを整えつつあった。自由貿易を掲げてアヘン戦争（一八四〇年〜一八四二年）に勝利したイギリスは、ベンガル湾のカルカッタ、マラッカ海峡のシンガポール、広州湾の香港という諸港を結ぶ経済の動脈を作り、上海などの五港開港により、東アジア経済の中枢に達していた。東アジアに、大きな変動の嵐が迫っていたのである。

利用されたアロー戦争

一八五二年八月一八日、ロシア皇帝ニコライ一世は、海軍中将プチャーチン（一八〇四年生〜一八八三年没）を全権大使とする使節団を日本に派遣することを決定した。

使命団の使命は、日露国境の決定、対日通商条約の締結、アヘン戦争後の南京条約による清帝国の開港場へのロシアの参入、東アジア・北太平洋の情報収集、各国捕鯨団の状況調査などだった。アヘン戦争後の東アジア情勢の変化に、対応しようとしたのである。ラッコ猟の時代は既に盛りを過ぎており、ロシアは東アジア貿易への参入を策していた。

プチャーチンは、アヘン戦争後の南京条約で清が、広東・厦門・上海などを開港し、治外法権などの不平等条約を押し付けられた直後の、東アジア情勢に対応する必要性をニコライ一世に進言するなど、国際情勢、特に東アジア情勢に精通した敏腕家だった。

ロシアがキャフタ条約（一七二七年）以来キャフタで行ってきた陸上貿易は、南京条約によって沿海部の上海など五港の開港により壊滅的な打撃を受けることが明白だった。

大洋を渡る船舶でヨーロッパから運ばれる安価な商品には、とてもロシア商人の長期の内陸輸送による商品は対抗できない。ロシアにとって海上交易の優位に対抗するための東アジアでの新戦略が必要になっていたのである。

かつて使節として訪日したレザノフが、新鮮な食糧品の確保を望む露米会社の利益を第一に考え通商を最重要課題としたのに対し、プチャーチンが日本との「国境画定」を最重要課題としたのはそのためであった。露米会社による「ラッコの海」の経営が行き詰まっており、余命いくばくもないのは誰の目にも明らかだったのである。

何よりもイギリス、フランス、アメリカの進出で東アジア情勢は緊迫しており、それに先んじてロシアは東アジア世界に確固とした地位を築いておかなければならなかった。そのためにも、東シベリアの開発が不可欠と判断された。長大なシベリアの「川の道」をつないで、東シベリアに膨大な物資を供給することは不可能であり、東シベリアに農業拠点を築くことを前提にして東アジア世界に勢力を拡大しなければならないと考えたのである。

短期間で、時代は大きく変化した。ロシアにとって、将来予測されるアメリカのオホーツク海、北太平洋進出に対抗し得る有利な条件で、日本との国境を確定することが、緊急課題になった。ロシアは、同時に東シベリア開発の生命線であるアムール川流域で、どのように領域を広げられるかを模索していた。アラスカを放棄したように、不要の千島列島を放棄し、カラフトとアムール川流域の内陸部を勢力圏として確保することが、ロシアの新戦略になったのである。

2　商売替えする露米会社とハドソン湾会社

姿を消したラッコ

一八〇三年から一八〇六年にかけて世界周航を行ったクルゼンシュタインは、皇帝の使節レザノフの長崎への航行を助けた人物だが、帰国した後に航海記を自費で出版した。航海記は、江戸時代の日本（オランダ語からの転訳）を含む数カ国語に翻訳されている。

邦訳版『奉使日本紀行』によると、ラッコ猟の最前線となったアラスカ植民地の状況を、クルゼンシュタインは以下のように述べている。

アメリカにて毛皮を買えば、大利を得るという言葉に欺かれて、彼の地に航海する輩、かの商館の使役となって必ず大きな危難にあう。単身でヨーロッパに戻り、ロシアの地を見られれば幸である。アメリカ商館のアゲシト（現地の手代）は、財主の勢をもって、彼の地で利を占めるけれど、そこに属する者は、それによる苛虐に堪えられない、…アゲシトの首たる者は、商館所属の地、北緯五七度から六一度、東経一三〇度より一九〇度に至る地方において、総官のような勢いがある。しかし、その指揮が適切になされず、その集落の人口が減少するのは、アゲシトがひとり利を貪ることに由来するのである。

クルゼンシュタインは自らの見聞に基づいて、ラッコ猟の現場支配人の独裁的支配と利益の独占を非難している。十九世になると、各国の毛皮商人の乱獲でアメリカ西岸のラッコ、ビーバー、アザラシ、オットセイ、クロテン、オコジョなども、急速に数を減少させて、会社の収益が減少した。一八二〇年には、アラスカのシトカ基地では、何週間もかけてたった数枚のラッコの毛皮がやっと確保できるという状態になり、さらなる乱獲でラッコの姿がほとんど見られなくなった。「ラッコの海」が痩せ細ってしまったのである。

露米会社が経営危機に陥る中で、ロシア政府は一八二一年に布告を出し、ベーリング海峡から北緯五一度に至る間のアメリカ沿岸での他国の商業、捕鯨、漁業、その他のすべての産業活動を禁止し、外国船の来航も禁止しようとしたが、英・米の抗議により失敗した。国際競争もあって、「ラッコの海」を膨張させることができなかったのである。一八二四年、ロシア―アメリカ条約が締結され、両国の国境を北緯五四度四〇分とする代わりに、ロシア植民地での通商が認められた。一八二五年にはイギリス・ロシア条約で、両国の国境が画定される。

露米会社はジリ貧になり、一八三九年には太平洋北西岸の北緯五四度から北緯六〇度までの植民地を十年間の期限でハドソン湾会社に貸し付け、翌年ハドソン湾会社から食糧の供給を保証されることになった。さらに一八四一年になると、前進基地のロス基地、ボデカ湾基地が閉鎖された。

十九世紀の半ばになると、ついにアラスカ南東部からラッコは姿を消した。ほぼ絶滅したのである。ラッコ猟に主眼をおくロシアにとって、アラスカは経済的価値を失った「お荷物」と化したのである。

アメリカのモンロー宣言で南下を阻まれた露米会社は、ラッコの猟場を求めてラッコの棲息数が期待される千島列島に方向を転じる。しかし、千島列島では、期待したほどの毛皮が得られなかった。

叩き売られたアラスカ

一八五四年、クリミア戦争*が始まると、ロシア政府は無防備なロシア領アメリカ（アラスカ）がイギリス軍の攻撃にさらされることを恐れ、アメリカへの売却を打診するようになった。クリミア戦争で、ロシアがイギリス、フランスに完敗を喫すると、ヨーロッパ一の陸軍国が見かけ倒しに過ぎなかったことが明らかになり、ロシアの国力ではとてもアラスカ植民地を維持できないことが一層明らかになった。それだけではなくロシアには鉄道建設や近代産業の育成など、金がかかる事業が目白押しだった。それをやり遂げなければ、西欧の大国との距離は大きく開いてしまう。最早、経済価値を失い、食糧の確保もままならない広大なアラスカ植民地を維持することは不可能だった。

ロシア国内では、アメリカ大陸での損失をなくさなければ、太平洋に面した他のロシアの植民地を維持できなくなるとか、やがてカリフォルニアに至る西部地方を支配下に入れたアメリカがアラスカに侵入してくるのではないか、という声も強まった。

ロシアの極東総督の海軍大佐ムラビヨフも、ロシアの勢力をアムール川とシベリアの方向に向け直すべきであると提言。一八四七年、ムラビヨフは、アムール川の両岸を海軍少佐ネヴェルスコイ（一八一三年生～一八七六年没）に探検させた。ネヴェルスコイは、一八四九年、間宮海峡を通過する。間宮林蔵が海峡を発見した四十年も後のことであった。五十年には、アムール川の河畔に拠点都市が築かれた。後のニコライエフスクである。

***クリミア戦争**　1853年～1856年、イエルサレムの聖地管理権を求めてロシアがオスマン帝国と開戦した戦争。イギリス、フランスなどがロシアの南下阻止のために参戦。ロシアが敗れた。

ロシアは、清の弱体化に付け込んで、アロー戦争の間にアムール川流域で集落や軍事駐屯地をつくるなどの既成事実を積み重ね、一八五八年のアイグン条約で、アムール川以北の清の領土六〇余万平方キロを割譲させ、一八六〇年の北京条約で清と英仏の間を斡旋した代償として、ウスリー江と日本海の間に広がる広大な沿海州を中国から獲得した。ロシアは、沿海州の南端のピョートル大帝湾にウラジヴォストークという港を築き、新たに日本海への進出を策することになる。ロシアは「ラッコの海」を放棄し、アムール川の流域、沿海州の農業開発と中国への進出に政策を転換したのである。

一八五九年から始まるアラスカ売却交渉は、アメリカの南北戦争で一時的に中断したが、一八六七年にロシアの対アメリカ大臣エドワルト・ストッケルとアメリカのウィリアム・S・スワード国務長官（一八〇一年生～一八七二年没）の間で秘密交渉が再開された。

一八六七年、ロシアにとって経済的価値のないアラスカは、七二〇万ドル万（一四五〇万ルーブル）という破格の安値でアメリカ合衆国に売却された。一平方キロあたり五ドル足らずの、恐るべき安値であった。千島列島を除く北太平洋の全植民地がアメリカに売却されたことで、一二六年間に及んだロシア領アメリカ（アラスカ）にピリオドが打たれた。アメリカは、ロシアから購入した広大な土地に、アリューシャン列島の先住民アリュート人のアラスカ（「大いなる土地」の意味）という呼び名を使用した。

一八六七年一〇月一八日、シトカでアラスカのアメリカへの引き渡しの式典が挙行された。

双頭の鷲のロシア帝国旗が降ろされ、星条旗が新たに掲揚される。その後、大部分のロシア人はアラスカを去ったが、一部のロシア人はそのままアラスカにとどまった。

現在、人口三万人余のアラスカの州都ジュノーは、氷河観光の基地として世界各地の観光客を集めるが、土産物店にはマトリョーシカなどロシアの土産物を売る店が多いのは、一二六年間にロシア文化がアラスカに根づいたことを物語っている。

アラスカを、北極グマしか住んでいない「北極圏の動物園」とみなしていたアメリカ国民は、国務長官スワードのアラスカ買収を「スワードの愚行」として、非難した。イギリスがロシア領アメリカを併合するのを防ぐために、アメリカは余り気乗りしないアラスカを買収したのである。

露米会社のアラスカの権益は、サンフランシスコのハッチンソン・コール＆カンパニーが引き継ぎ、後にその社名はアラスカ商業会社と変更された。アラスカ商業会社は、今もデパート経営、遠隔地での小売業、機械販売などを行っており、規模は小さいが事業を継続している。

意欲を喪失した毛皮会社とカナダの三分の一の売却

一八二〇年、毛皮会社の間の敵対を中止すべしという、イギリス軍事・植民大臣ヘンリー・バサーストの命にしたがい、ノースウェスト会社は先に述べたようにハドソン湾会社との合併に合意した。一八二一年七月、ハドソン湾会社とノースウェスト会社が合併し、ノースウェスト会社は四十年余りの歴史にピリオドを打つことになった。ハドソン湾会社はノースウェスト会社の毛皮取引の前哨九七カ所、ハドソン湾会社の前哨七六カ所を支配することになり、ハドソン湾会社の支配領域はロッキー山脈を越えて太平洋にまで達した。ハドソン湾会社は衰退したビーバーの毛皮交易からラッコの毛皮交易に重点を移し、一八四九年にはバンクーバー島を管轄下に置いた。

ハドソン湾会社は経費が嵩《かさ》む内陸部に出向いての毛皮交易を中止し、毛皮交易をハドソン湾のヨークに集中させた。その結果、モントリオール、ケベックなどからの船と内陸部のビーバーの毛皮供給地のカヌーが中間地点で出会って毛皮取引を行うランデヴー交易は終わりを遂げることになった。当然のことながら毛皮交易の規模は著しく縮小し、ビーバーの毛皮の交易量は激減した。十八世紀後半にはモントリオールからの輸出の四分の三を占めていたビーバーなどの毛皮は一挙に減り、一八一〇年には、農産物、木材が毛皮に変わって最大の輸出品になる。

そうしたなかでハドソン湾会社はビーバーの毛皮の交易に見切りをつけ、太平洋沿岸のラッコ交易に重点を移すが、ラッコもまもなく激減し、毛皮交易再建の展望は開けなかった。自然の資源を略奪する毛皮交易は、資源の枯渇とともに衰退する宿命を負っていたのである。

一八六八年、ルパート・ランド法が成立して、カナダの北西領がハドソン湾会社から自治領政府に譲渡された。アラスカが露米会社からアメリカに売却された三年後の一八七〇年、カナダの三分の一を占めるルパート・ランド*がカナダ自治領政府に譲渡され、ノースウェスト準州

＊ルパート・ランド　ハドソン湾周辺の390万平方キロに及ぶ旧ハドソン湾会社の所有地。多くの先住民が居住しており、ノースウェスト準州には11の公用語がある。

と呼ばれることになった。一八七一年、バンクーバー島を含む太平洋岸の沿岸が、六番目の州ブリティッシュ・コロンビアとしてカナダ自治領政府に加わる。こうして、ビーバー、ラッコの毛皮交易が行われた地域で、カナダが誕生することになった。

一八六〇年代から一八七〇年代、アラスカ、カナダの広大な地域の毛皮交易の時代は終わり、北方世界に一つの歴史を刻んできた北アメリカの毛皮の大交易地は、アメリカ、カナダの領土として分割されることになった。

折からアメリカの西部では、鉄道建設と移民の大量受容で、西部の開拓が急ピッチで進んでいた。一八九〇年には、西部の未開拓地（フロンティア）が消失し、アメリカは「大きな世界」の新たな中心となる移民国家として成長を遂げ、海軍提督マハンの提言に基づいて太平洋進出を世界政策とするようになる。

ちなみに広大な領土を売却したハドソン湾会社は事業を毛皮交易から小売業に転換し、現在はカナダ最大の小売業として生き残っている。カナダ唯一のデパート「ザ・ベイ」やディスカウント・チェーン「ゼラーズ」は、同社の経営である。

3　北東アジアでの領土拡大に乗り出すロシア

清からのアムール川流域の獲得

一八五五年の日露和親条約の締結、一八五八年のアイグン条約、六〇年の北京条約によるロシアのアムール川*流域、沿海州の獲得、一八六三年の露米会社の解散、一八六七年のロシア領アラスカのアメリカへの売却は、ロシアの「ラッコの海」からの後退を意味した。クロテン、ラッコと続いてきた毛皮貿易は露米会社の解散で大きく後退し、ラッコがほとんど絶滅した後の「ラッコの海」は、金が採掘できなくなった金鉱山のように打ち捨てられた。

しかし、かつてイスラーム商圏から切り離されたロシアの毛皮ネットワークが「ルーシの国」を建国させたように、清とのラッコ交易の行き詰まりはアムール川流域と沿海州に東シベリアが自立するためのロシアの農業植民地を築かせた。ロシアは、海から陸に視点を転じ、弱体化した清の領土を蚕食してアムール川流域から沿海州へと勢力を南下させる方向に転じたのである。そのような戦略転換に基づいて、一八五〇年代以降ロシアは千島列島を放棄し、間宮海峡を隔ててアムール川河口と向かい合うサハリンを重視する政策に転じた。

日露和親条約が締結された翌年の一八五九年八月、東シベリア総督ムラビヨフが六隻の軍艦を率いて品川に入港したのも、そうしたロシアの方針転換を示す出来事だった。ムラビヨフは、ロシアが清からアムール川流域一帯を割譲されたことを告げ、サハリンはアムール川に付属するものであるから全島を割譲せよと幕府に迫った。

*アムール川　中国名では黒竜江。ユーラシアの北東部を流れる全長約4370キロ、世界第八位の大河。

幕府は、北緯五〇度線を境界とするオランダ版の世界地図を示し、それが国際的に認められた境界であるとして譲らなかった。一八六〇年七月二日に輸送船マンジュール号は、沿海州の天然の良港ゾロトイ・ローグ（金角湾）に入り、哨所を建設した。後の軍港ウラジヴォストーク*である。

ロシアは、清との海上交易を求め、東アジアの海のネットワークを重視する方向に転じた。日本海が、東シベリアを自立させるための重要ルートになったのである。一八六一年、ロシア艦ポサドニックが対馬の浅芽湾《あそう》の尾崎浦に入る。船体の修理が口実だったが、実は対馬にロシア海軍の前進基地を建設しようとする意図があった。この事態を苦慮した幕府は、箱館奉行に命じてロシア領事に抗議、ロシアに先を越されることを憂慮したイギリスが介入して、イギリス東インド艦隊の軍艦二隻が退去を迫ったために、ロシア艦はやむなく対馬を去った。

ロシアは、一八六四年の清との間の「西北境界測量画定議定書」で、バイカル湖以東、以南の四四万平方キロ余の清の領土を割譲させる。

一八六八年、大政奉還により明治政府が成立した。ロシアは、この年に日本での通商拡大を図って大商人のA・F・フィリッペウスを領事代理として長崎に送り込んだが、工業生産力、海運力に遅れをとったロシアの貿易は振るわなかった。一八六九年に、箱館、横浜、長崎、神戸に入港した外国船一四六一隻中ロシア船は、わずか三四隻に過ぎない。

＊ウラジヴォストーク　1860年にムラビヨフにより建設に着手された沿海州の軍港。ウラジヴォストークとは「東方を支配する町」の意。

千島・カラフト交換条約と千島列島の放棄

ロシアが資源の枯渇した「ラッコの海」からの後退とアムール川流域での農業植民地の建設に転換すると、一八六七年に売却したアラスカに次いで無用の長物となった千島列島を処分し、アムール川の河口に位置するサハリン（カラフト）を支配することが必要になった。

この時期日本では、明治政府が体制固めに大童だった。北海道の開発が大きな課題になっていたのである。明治政府は、一八六九年七月、箱館府を改組して開拓使を置き、八月には北海道、カラフト（サハリン）という新しい名称を定めた。翌年、北海道開拓使、カラフト開拓使事務となった黒田清隆（一八四〇年〜一九〇〇年）は、北海道の産業開発による国力の充実を第一に考え、久春古丹にカラフト支庁が設けられた一八七二年に、「カラフト放棄論」を中央政府に提出した。黒田は、カラフトを放棄し、北海道の開発に専念すべきと主張した。日本人とロシア人が混住していたカラフトを手放すことで、ロシアとの関係を安定させようと考えたのである。

一八七三年、黒田清隆と親しく北海道開拓中判官の地位にあった榎本武揚（一八三六年〜一九〇八年）が海軍中将に特進し、黒田の推薦で特命全権公使として、サンクトペテルブルクに赴いた。

榎本武揚は、一八三六年八月二五日、幕臣の次男として江戸、下谷に生まれた。彼は、一八三六年に長崎の海軍伝習所に入り、一八六二年にオランダに留学、六七年に帰国すると幕府の軍艦奉行になった。一八六九年五月、函館の五稜郭の戦いに敗れて東京の辰の口の牢屋に収監される。その時に、榎本の助命に奔走したのが黒田清隆だった。一八七二年、榎本は開拓使出仕として北海道に赴き、その後、特命全権大使に抜擢された。

榎本は、ロシア外務省との間で交渉を進め、一八七五年に日本全権榎本武揚、ロシア全権アレクサンドル・ゴルチャコフ外相（一七九八年〜一八八三年）の間でカラフト・千島交換条約への調印がなされ、東京で条約付録が定められた後、同条約は批准された。ロシアは、カラフトの領有と引き換えに、無用になった千島列島を放棄したのである。ちなみに、一八五五年から条約が締結された一八七五年まではカラフトにはロシア人と日本人が混住していた。ロシアは、カラフトを戦略的に重視し、ラッコ猟が期待できなくなった千島列島を切り捨てたのである。

一八六八年、オホーツク海に捕鯨に赴いたアメリカ人のキムバレーが、その海域で多数のラッコを狩猟し、横浜に寄港した。その情報を日本で得たイギリス人の鉄道技師H・J・スノーは、自らピッチェルバー号という一〇〇トン程度の船でラッコの密猟に乗りだし大儲けをする。

彼の体験談は、『千島列島黎明記』として翻訳されているが（大久保義昭他訳）、同書によると、一八七二年から八一年までの九年間のラッコ捕獲数は、一万一〇二頭（そのうち日本船は、一七七七頭）に上った。

一八八二年から一八九一年の十年間、外国船のラッコの捕獲数は六五六頭、日本船は五四五頭で、計一二〇一頭である。全体を通して見ると、一八七三年から一八七七年の捕獲頭数が多く年間一〇〇〇頭を越え、この五年間に外国船は、約六〇〇〇頭を捕獲したという。

そうであるとするならば、カラフト・千島交換条約が締結された時期に、ラッコの捕獲数は年間一五〇〇頭以下であり、ロシア人にとってはほとんど魅力が失われていたことが分かる。

「北からの世界史」で大きな位置を占めた毛皮交易

奢侈品の毛皮は、北方世界が世界史の「中心」と結び付くための重要な商品だった。しかし毛皮が世界商品になるためにはそれなりの大きなネットワークが必要であり、北方世界を大商圏の「中心」に結び付けるネットワークの膨張と収縮が時代とともに繰り返された。最初に述べたように「北からの世界史」にとって、森林地帯の毛皮が商品になるためのネットワークの変遷が歴史理解の鍵になる。

大きく見ると、世界史はユーラシア規模の「陸の時代」から三つの大洋が五大陸を結び付ける広域の「海の時代」に転換した。毛皮交易ネットワークもイスラーム商圏の時代、モンゴル商圏の時代、大航海時代、十八・十九世紀のヨーロッパの成長の時代と変化するが、毛皮はいずれの時代も北方世界を世界経済の「中心」に結び付ける役割を担った。毛皮交易もクロテン・ビーバー・ラッコの毛皮というように主力商品を変え、毛皮の新たなフロンティアがロシア、シベリア、アメリカ北部、北大西洋に次々に生れ、ネットワークも組み替えられた。しかし、ユーラシアの大森林地帯の中心の、ロシア・シベリアの毛皮交易が他を圧する規模と期間を誇ったことは言うまでもない。

十八世紀後半、偶然にラッコが発見されて北太平洋に毛皮交易のフロンティアが移り、「海の時代」に対応する毛皮のネットワークが形成されたが、ラッコの激減により十九世紀中頃に毛皮交易そのものが終焉を迎えた。九世紀からの毛皮交易の興隆期が終わり、北方世界にナショナリズムの余波が及ぶことになり、北欧諸国、シベリアを併合したロシア、アメリカとアラスカ、カナダ、そして日本の千島列島・北海道というように国境が設定された。そうした一連の動きが、広大な国土面積を誇るロシア、カナダを誕生させ、アラスカがアメリカ最大の州になり、北方領土問題を生み出す背景になっている。

クロテン、ビーバー、ラッコの毛皮交易を通して見る「北からの世界史」は、バイキング、ロシア、シベリア、北アメリカ、北太平洋の歴史であると同時に、周縁部から見たイスラーム商圏、モンゴル商圏、大航海時代、ヨーロッパ経済興隆期の歴史につながる。交易の歴史は、「つながり」の歴史、ネットワークの歴史なのである。愛らしい動物であるクロテン、ビーバー、ラッコの受難の歴史も、北からの視点で世界史理解を深める際の一助となる。

北の海の世界を拓いた「北東航路」・「北西航路」の幻想

もう一つ「北からの世界史」を担ったのは、「大航海時代」以降、イギリス、オランダ、ロシアなどにより、繰り返し試みられた「北東航路」、「北西航路」という北の海からの地球上の大動脈の探索の動きである。

しかし、北極海によってヨーロッパ、アジア、北アメリカを一つに結ぶ試みは、クックやバンクーバーなどの探検・測量により、十八世紀末には不可能と断じられた。一年の大部分が氷結する北極海に、実用的な航路を拓くことはできず、事業はひとまず「幻」に終わったが、北方世界の海域に戦略的地位が与えられた意味は大きかった。

十七・十八世紀には北方海域で航路を拓く争いが展開され、北の海が世界史の進展をリードしたのである。現在は、地球温暖化の影響もあって、北極海航路の実用化の動きが新たに本格化している。かつての「幻想」が「現実」に姿を変えているのである。

おわりに

北極海により大西洋と太平洋を結ぶ「北東航路」と「北西航路」の開発は、十八世紀後半のクックやバンクーバーの航海・探検で不可能と結論づけられ、大森林地帯のクロテン、ビーバー、北太平洋のラッコの激減で北方世界の毛皮交易の時代は、十九世紀中頃に幕を閉じた。北方世界は、ヨーロッパ、アジア、アメリカの国民国家に「広大な辺境」として組み込まれて行く。

しかし地球温暖化が進む二十世紀末に、ソ連共産党書記長ゴルバチョフがムルマンスクで北極海航路を国際商業航路として開放すると宣言したことで、北極海航路は新たな展望を獲得した。一九九一年の共産党クーデターの失敗を機にソ連が解体されて、ロシア共和国に代わったが、北極海航路開発の構想は継承され、ムルマンスク海運会社、極東海運会社の手で北極海航路は実現の方向に大きく踏み出している。ロシアでは夏の二カ月間の北極海の航行は可能と考えられており、人工衛星による航行サポート・システムの整備、支援砕氷船の建造、航行支援・救難のための陸上基地の整備など、航行実現のためのインフラ整備に余念がない。北極海航路は、氷海の航海に耐える船舶の建造などの問題はあるものの、急速に軌道に乗りつつある。

現在、北極海航路が世界の注目を集める理由は、その経済性と安定性である。北極海航路は、日本からヨーロッパに至る、従来のマラッカ海峡、スエズ運河を経由する航路に比べて、約三分の二の距離であり、マラッカ海峡やソマリア沖の海賊、エジプトなどの中東の紛争のリスクもない。北極海航路が定着すれば、アメリカの太平洋岸からパナマ運河を経由してヨーロッパに至る航路も大幅に縮小される。かつての「北東航路」の構想が、現実のものとなっているのである。

こうした北方世界の新たな可能性に直面して、ロシア、中国、韓国、日本などの北極海航路の拠点港づくりの競争が激化している。大航海時代以降、イギリス、オランダなどが熱心に追い求めてきた北極海航路が、世界史に新たな可能性をもたらしつつあるのである。

考えてみると、北極海は、日本海の約十三・六倍と意外に狭い海である。一年の大半は氷と雪に閉ざされているが、夏の僅かな間は氷が広域にわたって緩み、地球上の新たなネットワークが形成される可能性は高い。北方世界の歴史も、新たに読み直される時期に差しかかってきているのである。

本書は、一年が「寒い季節」と「寒くない季節」に二分され、春と秋が短い北海道で着想された。北海道では北欧からロシア、シベリア、中国の東北部、北海道、アラスカ、カナダと連なる「北方圏」が着目されており、その固有の生活様式・文化・社会システムの理解と個性ある社会の創造が目指されている。しかしそうした研究は、世界史を守備範囲とする私には困難であり、北の大森林地帯と海域の歴史を従来の世界史の中に組み込む試みがせいぜいであった。
最後に無謀ともいえるこの試みを根気強く支え、適切な助言をいただいた原書房編集部の奈良原眞紀夫氏に感謝したい。氏のご助力が無ければ、本書は刊行までに至らなかったであろう。

二〇一三年十一月

宮崎正勝

主な参考文献

秋月俊幸『日露関係とサハリン島―幕末明治初年の領土問題』筑摩書房　一八八四年
秋月俊幸「千島列島の領有と経営」（『岩波講座　近代日本と植民地　1』）岩波書店　一八八二年
A・S・ポロンスキー　榎本武揚他訳『千島誌』一八八五年
A・コンドラフ　金光不二夫他訳『ベーリング大陸の謎』（現代教養文庫）一八八四年
荒川秀俊『日本人漂流記』人物往来社　一九六三年
アンリ・トロワイヤ　工藤庸子訳『大帝ピョートル』（中公文庫）一八八七年
池田寛親、鈴木太吉『船長日記―池田寛親自筆本』愛知県立郷土資料刊行会　二〇〇〇年
イブン・フルダーズベー　宋（峴）訳『道里邦国志』中華書局　一八八一年
ウィリアム・ラフリン　S・ヘンリ訳『極北の海洋民　アリュート民族』六興出版　一八八六年
植田　樹『コサックのロシア』中央公論社　二〇〇〇年
ヴェルナー・ゾンバルト　金森誠也訳『恋愛と贅沢と資本主義』講談社　二〇〇〇年
H・J・スノー　大久保義昭他訳『千島列島黎明記』（講談社学術文庫）一八八〇年
大熊良一『増補版　幕末北方関係史考』近藤出版社　一八八〇年
大南勝彦『ペテルブルクからの黒船』角川書店　一八七八年
オラウス・マグヌス　谷口幸男訳『北方民族文化誌』（上）（下）渓山社　一八八一～八二年
川端香男里『ロシア―その民族とこころ』（講談社学術文庫）一八八八年

木村和男『毛皮交易が創る世界』岩波書店　二〇〇四年
木村和男『北太平洋の「発見」』山川出版社　二〇〇七年
木村和男　フィリップ・バックナー　ノーマン・ヒルマー『カナダの歴史』刀水書房　一八八七年
国本哲男他訳『ロシア原初年代記』名古屋大学出版会　一八八七年
佐々木史郎『北方から来た交易民』（NHKブックス）一八八六年
S・A・プリェートニェヴァ　城田俊訳『ハザール謎の帝国』新潮社　一八八六年
S・ズナメンスキー　秋月俊幸訳『ロシア人の日本発見』北海道大学図書刊行会　一八七八年
S・B・オークニ　原子林二郎訳『カムチャッカの歴史―カムチャッカ植民政策史』大阪屋号書店　一八四三年
ジャクリーヌ・シンプソン　早野勝巳訳『ヴァイキングの世界』一八八二年
M・S・ヴィソーコフ他　板橋政樹訳『サハリンの歴史』北海道撮影社　二〇〇〇年
L・S・ベルグ　小場有米訳『カムチャッカ発見とベーリング探検』竜吟社　一八四二年
大隈重信『開国大勢史』早稲田大学出版部　一八一三年
海保嶺夫『エゾの歴史』（講談社選書）一八八六年
亀井高孝『大黒屋光大夫』吉川弘文館　一八六四年
桂川甫周『北槎聞略』（岩波文庫）一八八〇年
加藤九祚『シベリアの歴史』（紀伊国屋新書）一八八四年
神谷敏郎『人魚の博物誌』思索社　一八八八年
川又一英『イヴァン雷帝―ロシアという謎―』（新潮選書）一八八八年

菊地勇夫『アイヌ民族と日本』（朝日選書）一八八四年
菊地勇夫『エトロフ島　つくられた国境』吉川弘文館　一八八八年
木崎良平『漂流民とロシア』（中公新書）一八八一年
クルーゼンシュテルン　青地盈訳『奉仕日本紀行』教育出版センター　一八八五年
郡山良光『幕末日露関係史研究』国書刊行会　一八八〇年
国際北極海航路計画運営委員会『北極海航路』（シップ・アンド・オーシャン財団）二〇〇〇年
後藤　明『カメハメハ大王　ハワイの神話と歴史』勉誠出版　二〇〇八年
ジェームズ・クック　増田義郎訳『クック太平洋探検（5）（6）』（岩波文庫）二〇〇五年
ジェームス・フォーシス　森本和男訳『シベリア先住民の歴史』彩流社　一八八八年
司馬遼太郎『ロシアについて　北方の原形』文藝春秋　一八八八年
司馬遼太郎『オホーツク街道』朝日新聞社　一八八七年
志水速雄『日本人のロシア・コンプレックス』（中公新書）一九八三年
下山　晃『毛皮と皮革の文明史』ミネルヴァ書房　二〇〇五年
ジョン・チャノン他　外川継男監訳『地図で読む世界の歴史　ロシア』河出書房新社　一八八八年
次郎吉、室賀信夫、矢守一彦『蕃談―漂流の記録1』（平凡社東洋文庫）一八六五年
ステン・ベルクマン　加納一郎訳『千島紀行』（朝日文庫）一八八二年
スレブロドリスキー　岡田安彦訳『こはく　その魅力の秘密』新読書社　一八八三年
チューネル・M・タクサフ他　熊野谷葉子訳『アイヌ民族の歴史と文化』明石書店　一八八八

年
高野　明『日本とロシア』（紀伊国屋新書）一八七一年
高橋　理『ハンザ「同盟」の歴史』（創元社）二〇一三年
武田龍夫『物語　北欧の歴史』（中公新書）一八八三年
田中清輔編『千島北洋開発期成招待会紀要』北海道協会（非売品）一八三四年
田保橋潔『増訂近代日本外交史』刀江書院　一八四三年
チェーホフ　原卓也訳『サハリン島』中央公論新社　二〇〇八年
寺沢孝毅『北千島の自然誌』（丸善ブックス）一八八五年
寺島良安『和漢三才図絵　6』（平凡社東洋文庫）一八八七年
土肥恒之『ピョートル大帝とその時代』（中公新書）一八八二年
西村三郎『毛皮と人間の歴史』紀伊国屋書店　二〇〇三年
平岡雅英『維新前後の日本とロシア』ナウカ社　一八三四年
B・アルムグレン編　蔵持不三也訳『図説　ヴァイキングの歴史』原書房　一八八〇年
平岡雅英『日露交渉史話』筑摩書房　一八四四年
ファインベルク　小川政邦『ロシアと日本　その交流の歴史』新時代社　一八七三年
ブライアン・クーパー　加藤辿訳『アラスカ　最後のフロンティア』フジ出版社　一八七七年
ブルース・バートン『日本の「境界」』青木書店　二〇〇〇年
ボリス・スラヴィンスキー　加藤幸廣訳『日ソ戦争への道』共同通信社　一八八八年
マヴロージン　石黒寛訳『ロシア民族の起源』群像社　一八八三年
真鍋重忠『日露関係史　一六八七〜一八七五』吉川弘文館　一八七八年

マルク・ブロック　新村猛他訳『封建社会（1）』みすず書房　一八八三年
マルコ・ポーロ　青木一夫訳『マルコ・ポーロ東方見聞録』校倉書房　一八六〇年
水口志計夫・沼田次郎編訳『ベニョフスキー航海記』（平凡社東洋文庫）一八六五年
宮崎信之他『海の哺乳類　その過去・現在・未来』サイエンティスト社　一八八〇年
宮崎正勝『イスラム・ネットワーク』（講談社選書）一八八四年
宮崎正勝『世界史の誕生とイスラーム』原書房　二〇〇八年
森永貴子『ロシアの拡大と毛皮交易』彩流社　二〇〇八年
山中文夫『シベリア五〇〇〇年史』近代文芸社　一八八五年
吉川美代子『ラッコのいる海』立風書房　一八八二年
吉田武三『北方史入門　日本人とロシア人の大探検史』伝統と現代社　一八七四年
ヨハネス・ブレンステッズ　荒川明久、牧野正憲訳『ヴァイキング』人文書院　一八八八年
レザーノフ　大島幹雄訳『日本滞在日記』（岩波文庫）二〇〇〇年
ワクセル　平林広人訳『ベーリングの大探検―副官ワクセルの手記』石崎書店　一八五五年
和田一雄他『鰭脚類　アシカ・アザラシの自然史』東京大学出版会　一八八八年
和田春樹『開国―日露国境交渉』日本放送出版協会　一八八一年

著者略歴・宮崎正勝（みやざき・まさかつ）
1942年東京生まれ。東京教育大学文学部卒業。筑波大学附属高等学校教諭（世界史担当）、筑波大学講師などを経て北海道教育大学教授。2007年に退官、現在は著述業、中央教育審議会専門部会委員。1975年から88年までNHK高校講座「世界史」常勤講師。
主な著書に『イスラム・ネットワーク』（講談社選書）、『鄭和の南海大遠征』『ジパング伝説』（中公新書）、『海からの世界史』『世界史の読み方』（角川選書）、『世界史の海へ』（小学館）、『グローバル時代の世界史の読み方』『黄金の島ジパング伝説』（吉川弘文館）、『モノの世界史』『文明ネットワークの世界史』『ザビエルの海』『世界史の誕生とイスラーム』『風が変えた世界史』（原書房）、『知っておきたい「食」の世界史』『知っておきたい「酒」の世界史』（角川ソフィア文庫）などがある。

北《きた》からの世界《せかい》史《し》
柔《やわ》らかい黄金《おうごん》と北極海航路《ほつきよくかいこうろ》

●

2013年11月28日　第1刷

著　者……………宮崎正勝《みやざきまさかつ》
装　幀……………佐々木正見
発行者……………成瀬雅人

発行所……………株式会社原書房
〒160-0022 東京都新宿区新宿1-25-13
電話・代表03(3354)0685
http://www.harashobo.co.jp
振替・00150-6-151594

本文組版……………有限会社ファイナル
本文印刷……………株式会社平河工業社
装幀印刷……………株式会社明光社印刷所
製　　本……………東京美術紙工協業組合

ISBN978-4-562-04943-1

聖書を歩く
旧約聖書の舞台をめぐる旅　上下
ブルース・ファイラー著　黒川由美訳
ノンフィクション作家が聖書考古学者を伴なって、旧約の物語の順番通りに、聖書の舞台をめぐる旅に出た。聖書の物語をわかりやすく解説しながら現地を歩き、世界と自分をみつめなおす旅行記。　四六判・各１８００円

１６８８年
バロックの世界史像
ジョン・ウィルズ著　別宮貞徳訳
１６８８年、元禄元年、地球は絢爛豪華（バロック）だった。人間の生き方を根本から変えられると信じたさまざまな英雄や悪漢たちがひしめく一年を生き生きと活写し、歴史の見方を一変させる世界史。　Ａ５判・２８００円

イエズス会の歴史
ウィリアム・バンガード著　上智大学中世思想研究所監修
近代世界に登場したイエズス会の、たんなる修道会の枠を超えて、歴史の中で大きな役割を果たした500年の歩みを跡づける名著。監修者の緻密な校訂と詳細な注、参考文献、地図、図版、索引を収録。　Ａ５判・４８００円

さむらいウィリアム
三浦按針の生きた時代
ジャイルズ・ミルトン　築地誠子訳
家康の旗本になった、日本に漂着した最初のイギリス人ウィリアム・アダムスを中心に、東方の未知の文明国で交易の覇権を争い、宗教対立に暗躍する西欧・南蛮の冒険商人や商館員の人間群像を描く。　四六判・２８００円

アメイジング・グレイス
たぐいなき愛の物語
村田美奈子著
回心して牧師になった元奴隷船船長ジョン・ニュートン、親友ギャレット、女医グレイス…。奴隷貿易時代のザンジバル、ヴァージニア、ロンドンを舞台に、冒険と悲劇と信仰と希望の織りなす愛の物語。　四六判・１８００円

（価格は税別）

風が変えた世界史
モンスーン・偏西風・砂漠
宮崎正勝著
地球の大気の大循環、乾燥と湿潤と風向・風力…「風」の人類文明史への影響。砂漠と大洋に展開した世界史の転換の史実と合わせて読み解く。モンスーンと偏西風と砂漠による壮大なスケールの文明史。四六判・２４００円

ザビエルの海
ポルトガル「海の帝国」と日本
宮崎正勝著
長崎からポルトガルのロカ岬まで連綿と連なる海の世界に思いを馳せ、十年あまりのアジア各地での報われない布教活動の末にたどり着いた日本…。ザビエルの志とジョアン三世の政略が交錯する歴史。四六判・２０００円

世界史の誕生とイスラーム
宮崎正勝著
アフリカ西北端のモロッコから中国の新疆ウイグル自治区まで、東西に伸びる大乾燥地帯に連なるイスラーム世界は、従来の西洋史・東洋史から排除されてきた。急速に姿を現す新しい世界秩序の全体像。四六判・２０００円

ケルト人の歴史と文化
木村正俊著
ヨーロッパの歴史の性格を考察する上でのミッシングリンク、今なお謎に包まれたケルトの歴史像を、同時代のギリシアローマ他の諸国家、民族との関連で通時的に描く。欧州史の古層あるいは源流を探る。Ａ５判・３８００円

ヴィジュアル版「決戦」の世界史
歴史を動かした50の戦い
ジェフリー・リーガン　森本哲郎監修
サラミスの海戦から十字軍、無敵艦隊、ワーテルロー、日本海海戦、ミッドウェイ、そして湾岸戦争にいたるまで、歴史が変わったその瞬間を、二五〇〇年にわたるフルカラーの戦闘図と多彩な図版で。Ａ５判・４８００円

（価格は税別）